GONGDIAN QIYE JINENG GANGWEI DIANXING ZUOYE XIANGMUHUA JIAOCAI
供电企业技能岗位典型作业项目化教材

变电设备检修及维护

主　编　林美玲
副主编　曹　俊　陈世丹　娄方桥

中国电力出版社
CHINA ELECTRIC POWER PRESS

内 容 提 要

遵循以职业技术应用能力培养为主线，兼顾一般能力培养的原则，贵州电力职业技术学院电力工程系教师联合贵州电网公司的技能专家，围绕供电企业技能岗位典型作业任务，以项目化的方式，按照理实一体化原则编写了《供电企业技能岗位典型作业项目化教材》丛书，包括变电运行、电气试验、变电设备检修及维护、二次回路及继电保护检测四个分册。

本书是《供电企业技能岗位典型作业项目化教材 变电设备检修及维护》分册，共包括六个典型作业项目：变压器检修及维护、SF_6断路器检修及维护、真空断路器检修、GW4型隔离开关检修、高压互感器检修及维护、变电检修二次回路故障查找及处理。

本书可作为变电设备检修及维护作业员培训或自学用书、高职高专相关专业教学用书，也可作为变电设备检修及维护专业技术人员、技能人员和高等院校相关专业师生的阅读参考书。

图书在版编目（CIP）数据

变电设备检修及维护 / 林美玲主编. —北京：中国电力出版社，2015.7（2018.6 重印）

供电企业技能岗位典型作业项目化教材

ISBN 978-7-5123-7903-9

Ⅰ. ①变… Ⅱ. ①林… Ⅲ. ①变电所–电气设备–电力系统运行–岗位培训–教材②变电所–电气设备–维修–岗位培训–教材 Ⅳ. ①TM63

中国版本图书馆 CIP 数据核字（2015）第 123152 号

中国电力出版社出版、发行

（北京市东城区北京站西街 19 号 100005 http：//www.cepp.sgcc.com.cn）

三河市百盛印装有限公司印刷

各地新华书店经售

*

2015 年 7 月第一版 2018 年 6 月北京第二次印刷

787 毫米×1092 毫米 16 开本 10 印张 170 千字

印数 2001—3000 册 定价 **35.00** 元

《供电企业技能岗位典型作业项目化教材 变电设备检修及维护》

编 写 人 员

主　编　林美玲

副主编　曹　俊　陈世丹　娄方桥

参　编　唐　勇　吴　念

前言

在高等职业院校提升专业服务产业发展能力的人才培养方案中，考虑到我国电力行业发展的现状与职业教育、岗位培训的特点，结合相关专业的教学情况，实施“三段递进式”工学交替的人才培养模式，即第一阶段的职业认知期，第二阶段的职业成长期和第三阶段的职业成型期，使学员成长为具有职业能力和职业素质的合格毕业生。

针对职业认知期、职业成长期、职业成型期的技能培养要求应设计与之相适应的“教、学、做一体化”课程体系。新课程体系的确立以人才培养目标为起点，以提高学员综合素质为根本的；本着专业技能培养与职业资格认证整合设计的原则，根据专业培养目标和规格的要求，以技术应用能力培养为主线，安排教学内容和课程体系；考虑教学活动与行业活动规律的结合，优化组合、调整结构、突出重点，科学安排理论教学和实践教学。遵循以职业技术应用能力培养为主线，兼顾一般能力培养的原则，贵州电力职业技术学院电力工程系教师联合贵州电网公司的技能专家，围绕供电企业技能岗位典型作业任务，以项目化的方式，按照理实一体化原则编写了《供电企业技能岗位典型作业项目化教材》丛书，包括变电运行、电气试验、变电设备检修及维护、二次回路及继电保护检测四个分册。

供电企业技能专家根据岗位要求确定典型工作业项目，并从学习目标、项目分析、相关知识、方法与步骤、项目实施、项目评价六个方面进行了详细阐述，最后布置了思考题。

本书为《供电企业技能岗位典型作业项目化教材　变电设备检修及维护》分册，由林美玲担任主编，曹俊、陈世丹、娄方桥担任副主编，唐勇、吴念参与编写。

因水平有限，书中难免存在不妥或疏漏之处，恳请读者提出宝贵建议与意见，以便我们完善和提高。

编　者

2015年2月

目 录

1. 项目一

变压器检修及维护

一、学习目标

1. 知识目标

（1）了解变压器的原理，能表述变压器的结构与特点。

（2）了解变压器主要技术参数的含义。掌握变压器检修时存在的风险及相应的控制措施。

（3）掌握变压器检修项目、周期、修前准备及质量标准等。

2. 能力目标

（1）能够根据缺陷现象判断设备缺陷。

（2）能独立对变压器常见缺陷进行检修（包括：对变压器油样、气样的采集，更换悬式吸潮器的硅胶，会清扫附件及处理渗漏油）。

（3）能够在检修过程中，正确合理地控制风险，正确地使用工器具及安全用具。

二、项目分析

电力变压器是一种静止的电气设备，是用来将某一数值的交流电压（电流）变成频率相同的另一种或几种数值不同的电压（电流）的设备；它是电力系统的核心部件，在各个变电站中起到核心的作用。

本项目要求在一台 110kV 以下变压器上，独立完成对变压器油样、气样的采集，更换悬式吸潮器的硅胶，会对附件进行清扫、渗漏油处理等工作，并且能试分析出造成以上设备缺陷的原因。

三、相关知识

（一）变压器的分类

（1）按用途分类：有电源变压器、调压变压器、音频变压器、中频变压器、高频变压器、脉冲变压器等。

电力系统中变压器的用途可用图 1–1 表示。

（2）按防潮方式分类：有开放式变压器、灌封式变压器、密封式变压器。

（3）按铁心或线圈结构分类：有心式变压器（插片铁心、C 形铁心、铁氧体铁心）、壳式变压器（插片铁心、C 形铁心、铁氧体铁心）、环形变压器、金属箔变压器。

（4）按电源相数分类：有单相变压器、三相变压器、多相变压器。

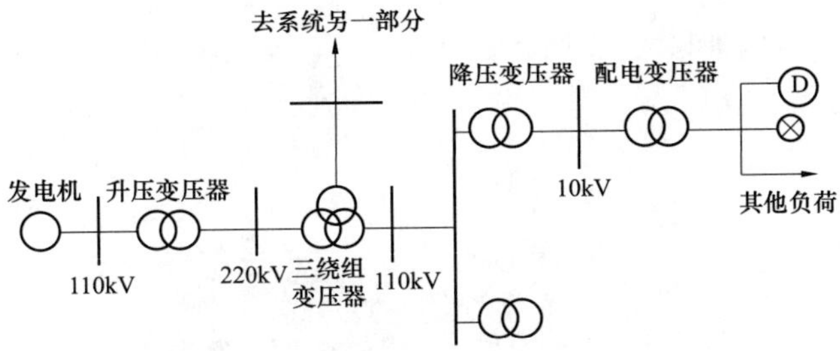

图 1–1　电力系统中变压器的使用

（5）按冷却方式分类：有干式（自冷）变压器、油浸（自冷）变压器、氟化物（蒸发冷却）变压器。

（二）变压器型号及其含义

变压器（transformer）是一种静止的电气设备，是利用电磁感应的原理将一种电压、电流的交流电能转化成同频率的另一种电压、电流的的装置，换句话说，变压器就是实现电能在不同等级之间进行转化的装置，其主要构件是初级线圈、次级线圈和铁心（磁心）。变压器电力系统中的重压设备主要功能有：电压变换、电流变换、阻抗变换、隔离、稳压（磁饱和变压器）等。

变压器型号及其含义如图 1–2 所示。

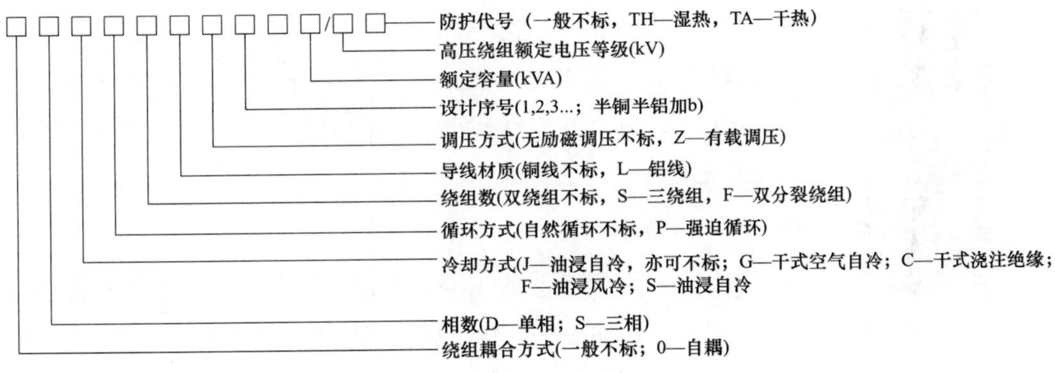

图 1–2　电力变压器型号及其含义

例如，SFPZ9–120000/110 指的是三相、双绕组（双绕组变压器省略绕组数，如果是三绕则前面还有个 S）、油浸风冷、强迫油循环，设计序号为 9，容量为 120 000kVA，高压侧额定电压为 110kV 的变压器。

（三）变压器的主要部件和基本结构

变压器的主要部件有铁心和绕组（构成器身）、油箱、绝缘套管、分接开关、安全气道等。其基本结构如图 1–3 所示。

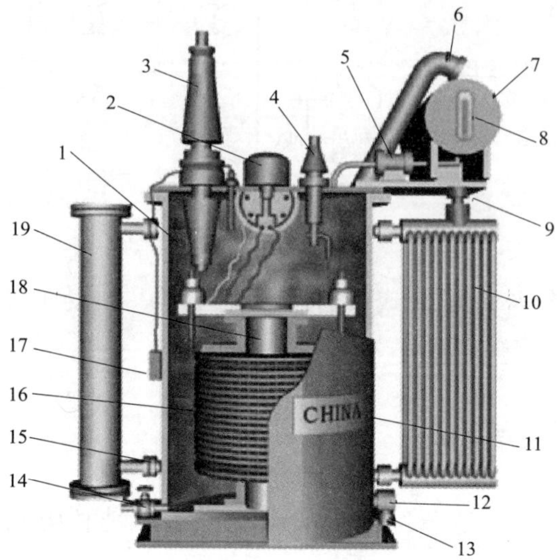

图 1–3　变压器的基本结构

1—变压器油；2—分接开关；3—高压套管；4—低压套管；5—气体继电器；6—防爆管；7—储油柜；8—油表；9—吸湿器；10—散热器；11—铭牌；12—油样油门；13—接地螺栓；14—放油阀门；15—活门；16—绕组；17—信号温度计；18—铁心；19—净油器

图 1–4　绕组结构

1. 绕组

绕组是变压器的电路部分，用纸包或纱包的绝缘扁线或圆线绕成。高压绕组匝数多，导线细；低压绕组匝数少，导线粗。依照高低压绕组的相对位置分为同心式、交叠式。绕组结构如图 1–4 所示。

2. 铁心

铁心是变压器的主要部件之一，其对变压器的性能有很大影响。铁心既是磁路，也是套装绕组的骨架。它是由 0.35～0.5mm 厚硅钢片叠成或非晶合金制成，为了增加硅钢片的电阻率，钢片中掺入 4%～5%的硅，而且钢片的两面经氧化形成漆膜，使片间有良好的绝缘，以降低涡流损失。

铁心从结构上分为心式和壳式，电力变压器主要用心式。单相心式变压器结构如图 1–5 所示。

3. 油箱及变压器油

油箱是油浸式变压器的外壳，变压器的器身置于油箱的内部，油箱注满变压器油。油箱分箱盖、箱体、箱底三部分。

中小型变压器多制成箱式，即将箱壁与箱底焊接成一个整体，器身置于箱中。检修时，需要将器身从油箱中吊出。

大型变压器油箱皆制成钟罩式，即将箱盖和箱体制成一体，罩在铁心和绕组上。这将为检修提供方便，检修时只需把钟罩吊起，器身则显露出来，这比吊起沉重的铁心要方便、省力。

变压器中的变压器油，其作用是冷却和绝缘。变压器油要求十分纯净，不含杂质。即使其中含有少量的水分，也会使变压器内部的绝缘性能受到很大的影响，同时水分将腐蚀金属表面，降低散热性能。故变压器油面应避免和空气接触，以防受潮和氧化，降低绝缘和散热性能。

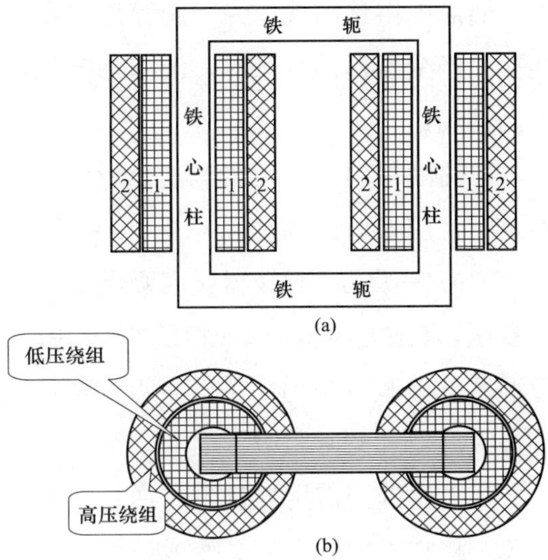

图 1–5　单相心式变压器绕组结构示意图

（a）断面结构；（b）截面结构

4. 储油柜、呼吸器、防爆管和气体继电器

（1）储油柜如图 1–6 所示。

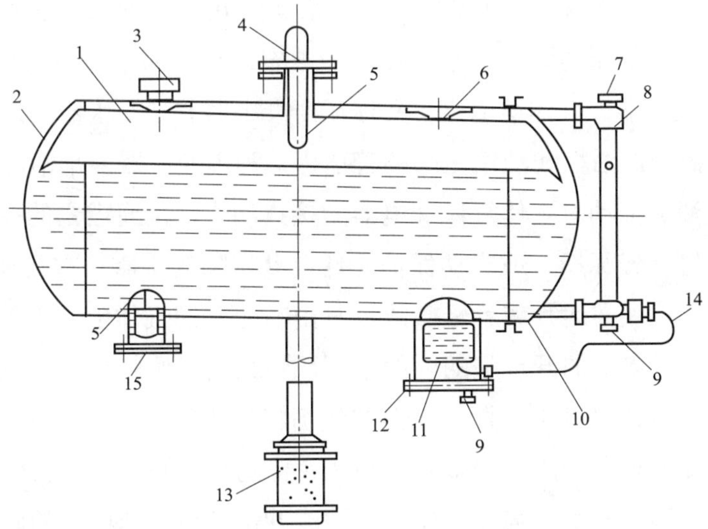

图 1–6　胶囊袋储油柜

1—胶囊袋；2—储油柜；3—放所塞；4—吸湿器边管；5—护网；6—吊环；7—放气塞；8—油表；9—放油塞；10—端盖；11—小胶囊袋；12—油位器；13—吸湿器；14—导油管；15—与变压器连接法兰

储油柜俗称油枕，为一圆筒形容器，横放于油箱上方，用管道与变压器的油箱连接。当变压器油热胀时，油由油箱流向储油柜；当变压器油冷缩时，油由储油柜流向油箱。

在储油柜的一端还装有油位表以观测油面的高低，当由于渗漏等原因造成油量不足时，应及时注油加以补充。

（2）呼吸器。呼吸器又名吸湿器，用于清除和干燥由于变压器油温的变化而进入变压器（或互感器）储油柜的空气中的杂物和潮气，以保证变压器油的绝缘强度。吸湿器按硅胶可分为白色硅胶吸湿器和变色硅胶吸湿器；按功能可分为普通（或单吸）吸湿器和双呼吸吸湿器。

呼吸器硅胶常用的颜色有白色、蓝色两种。蓝色硅胶是变色硅胶，受潮后变成红色，将它干燥处理后又变成蓝色。呼吸器硅胶可反复使用，通常用在看得到的地方，如储油柜下的吸湿器中，用于吸取进入变压器中空气中的水分。白色的硅胶是普通硅胶，受潮后仍然是白色，通常用在整台变压器的热力（自然循环）滤油器中，其用量按变压器油的总量计算。它吸取油中的水分，也可经干燥处理后反复使用。

（3）防爆管。防爆管又叫安全气道，一般在750kVA以上的大容量变压器上都装设防爆管，此管用薄钢板制成，内径在150～250mm，视变压器的容量大小而定，此管装设在变压器顶盖上部油枕侧，管子下端与油箱连通，其上端用3～5mm厚的玻璃板密封。当变压器内部发生故障，压力增加到0.5～1个大气压时，安全膜便爆破，气体喷出，内部压力降低，不致使油箱破裂，从而缩小了事故范围。

（4）气体继电器。气体继电器（又称瓦斯继电器）是变压器所用的一种保护装置，装在变压器的储油柜和油箱之间的管道内，利用变压器内部故障而使油分解产生气体或造成油流涌动时，使气体继电器的接点动作，接通指定的控制回路，并及时发出信号告警（轻瓦斯）或启动保护元件自动切除变压器（重瓦斯）。

轻瓦斯主要反映在运行或者轻微故障时由油分解的气体上升入气体继电器，气压使油面下降，继电器的开口杯随油面落下，轻瓦斯干簧触点接通发出信号，当轻瓦斯内气体过多时，可以由瓦斯继电器的气嘴将气体放出。

重瓦斯主要反映在变压器严重内部故障（特别是匝间短路等其他变压器保护不能快速动作的故障）产生的强烈气体推动油流冲击挡板，挡板上的磁铁吸引重瓦斯干簧触点，使触点接通而跳闸。

5. 绝缘套管

为了将变压器绕组的引出线从油箱内引出到油箱外，引线在穿过接地的油箱时，必须将带电的引线与箱体可靠地绝缘，所用的绝缘装置就是绝缘套管。目前广泛使用的绝缘套管有以下几种：

（1）10kV 瓷套管。10kV 以下的引出套管为单体瓷质绝缘套管纯瓷套管结构简单，里面一个导电杆，外面瓷套，安装在变压器上后，靠变压器的油充进套管内部绝缘。BF–1/300–3000 型套管如图 1–7 所示。适用于 10kV 及以下电压等级。

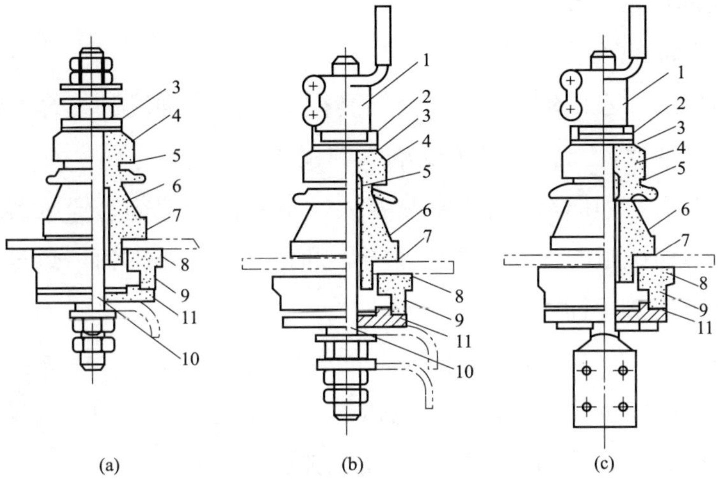

图 1–7　BF–1/300–3000 型套管

（a）600A 及以下；（b）800～1200A；（c）3000A

1—接线头；2—圆螺母；3—衬垫；4—瓷盖；5—密封环；6—上瓷套；7—密封垫圈；8—纸垫圈；9—下瓷套；10—导电杆；11—纸垫圈

（2）60kV 的瓷套管。60kV 及以下采用瓷质冲油式瓷套管。该套管的导电杆与瓷套之间冲油绝缘，故套管与变压器箱体相通。因为油枕中的油面高于套管顶部，因此，套管顶部及套管与箱盖的结合处皆有橡胶密封垫圈，以防止渗漏油。套管的顶端有一放气螺孔，变压器安装或大修后，必将该螺孔打开，待油溢出后，将套管内的空气排净，再拧紧堵塞螺钉，以防套管内存有空气，在强电场下被击穿。由于产品本身存在漏油污染、机械强度低、密封性能和防污性能差、易爆从而危及人身及设备安全等缺陷，已不能满足电力部门对高压电气产品提出的小型化、无油化、免（少）维护和可靠性高的使用要求。

（3）电容式套管。油纸电容式套管由油枕、上下瓷套、法兰及电容芯子组成，电容芯子是由绝缘纸和铝箔绕在中心导电杆成为同心圆柱形串联电容器，用以均匀电场分布，套管内部充变压器油，是一个独立密封的产品，一般用于额定电压大于 72.5kV，套管内部装有供保护和测量用的电流互感器。主要特点有：

1）纸/铝箔和变压器油组成电容器；

2）结构合理、体积小、重量轻；

3）电场分布均匀；

4）瓷套与法兰采用胶装结构；

5）机械性能和密封性能好。

6. 变压器油作用及要求

（1）变压器油的主要作用。

1）绝缘作用：变压器油具有比空气高得多的绝缘强度。绝缘材料浸在油中，不仅可提高绝缘强度，而且还可免受潮气的侵蚀；

2）散热作用：变压器油的质量热容大，常用作冷却剂。变压器运行时产生的热量使靠近铁心和绕组的油受热膨胀上升，通过油的上下对流，热量通过散热器散出，保证变压器正常运行；

3）消弧作用：在油断路器和变压器的有载调压开关上，触头切换时会产生电弧。由于变压器油导热性能好，且在电弧的高温作用下能分触了大量气体，产生较大压力，从而提高了介质的灭弧性能，使电弧很快熄灭。

（2）对变压器油的性能通常有以下要求：

1）变压器油密度尽量小，以便于油中水分和杂质沉淀；

2）黏度要适中，太大会影响对流散热，太小又会降低闪点；

3）闪点应尽量高，一般不应低于136℃；

4）凝固点应尽量低；

5）酸、碱、硫、灰分等杂质含量越低越好，以尽量避免它们对绝缘材料、导线、油箱等的腐蚀；

6）氧化程度不能太高。氧化程度通常用酸价表示，它指吸收1g油中的游离酸所需的氢氧化钾量（mg）；

7）安定度不应太低，安定度通常用酸价试验的沉淀物表示，它代表油抗老化的能力。

（四）变压器主要技术参数的含义

变压器在规定的使用环境和运行条件下，主要技术数据一般都标注在变压器的铭牌上。主要包括：额定容量、额定电压及其分接、额定频率、绕组联结组及额定性能数据（阻抗电压、空载电流、空载损耗和负载损耗）和总重。具体介绍如下：

（1）额定容量 S_N（kVA）：也叫额定功率（S_N），即额定电压、额定电流下连续运行时能输送的容量，用式（1–1）或式（1–2）计算。

单相变压器：

$$S_N = U_{2N}I_{2N} = U_{1N}I_{1N} \tag{1–1}$$

三相变压器：

$$S_N = \sqrt{3}U_{2N}I_{2N} = \sqrt{3}\,U_{1N}I_{1N} \tag{1–2}$$

（2）额定电压 U_N（kV）：变压器长时间运行时所能承受的工作电压。为适应电网电压变化的需要，变压器高压侧都有分接抽头，通过调整高压绕组匝数来调节低压侧输出电压。变压器铭牌上通常以 U_{1N}/U_{2N} 的形式标出，如铭牌上标注：电压 10 000/230V，指的就是高压侧额定电压 10 000V，低压侧额定电压 230V。

为了保证二次电压在一定范围内变化，通常变压器的一次绕组都装有分接开关，用来调整高压侧绕组匝数，从而改变变比以达到调整二次电压的目的。分接开关有两种，一种是有载调压分接开关，一种是无载调压分接开关，前者在调整电压时不需要停电，后者需要停电进行。中、小型变压器一般有三个分接头，调整电压的范围是±5%，大型无载变压器一般有六个分接头，可调整的电压范围是±2.5%、±5%，有载调压变压器结构复杂，有多个分接头，调整电压范围较宽，为±15%。

（3）额定电流 I_N（A）：变压器在额定容量下，允许长期通过的电流。变压器铭牌上通常以 I_{1N}/I_{2N} 的形式标出。特别要注意的是三相变压器指的是线电流。

（4）空载损耗 ΔP_0（kW）：当以额定频率的额定电压施加在一个绕组的端子上，其余绕组开路时所吸取的有功功率。与铁心硅钢片性能、制造工艺及施加的电压有关。

（5）空载电流 I_0（%）：当变压器在额定电压下二次侧空载时，一次绕组中通过的电流。一般以额定电流的百分数表示。

（6）负载损耗 P（kW）：把变压器的二次绕组短路，在一次绕组额定分接位置上通入额定电流，此时变压器所消耗的功率。

（7）阻抗电压 U_K（%）：把变压器的二次绕组短路，在一次绕组慢慢升高电压，当二次绕组的短路电流等于额定值时，此时一次侧所施加的电压，一般以额定电压的百分数表示。

（8）相数和频率：三相开头以 S 表示，单相开头以 D 表示。中国国家标准频率 f 为 50Hz。国外有 60Hz 的国家（如美国）。

（9）温升与冷却：变压器绕组或上层油温与标准环境的温度（一般为40℃）之差，称为绕组或上层油面的温升，油浸式变压器绕组温升限值为65K，油面温升为55K。冷却方式也有多种：油浸自冷、强迫风冷、水冷、管式、片式等。

（10）绝缘水平：有绝缘等级标准。绝缘水平的表示方法举例如下：高压额定电压为35kV级、低压额定电压为10kV级的变压器绝缘水平表示为LI200AC85/LI75AC35，其中LI200表示该变压器高压雷电冲击耐受电压为200kV，工频耐受电压为85kV，低压雷电冲击耐受电压为75kV，工频耐受电压为35kV。

（11）联结组标号：根据变压器一、二次绕组的相位关系，把变压器绕组连接成各种不同的组合，称为绕组的联结组。为了区别不同的联结组，常采用时钟表示法，即把高压侧线电压的相量作为时钟的长针，固定在12上，低压侧线电压的相量作为时钟的短针，看短针指在哪一个数字上，就作为该联结组的标号。例如，Dyn11表示一次绕组是（三角形）联结，二次绕组是带有中心点的（星形）联结，组号为（11）点。

（五）变压器的检修周期和项目

1. 变压器的日常维护

（1）变压器的油温和温度计应正常，储油柜的油位应与温度相对应，各部位无渗油、漏油；

（2）套管油位应正常，套管外部无破损裂纹、无严重油污、无放电痕迹及其他异常现象；

（3）变压器音响正常；

（4）各冷却器手感温度应相近，风扇、油泵、水泵运转正常，油流继电器工作正常；

（5）水冷却器的油压应大于水压（制造厂另有规定者除外）；

（6）吸湿器完好，吸附剂干燥；

（7）引线接头、电缆、母线应无发热迹象；

（8）压力释放器、安全气道及防爆膜应完好无损；

（9）有载分接开关的分接位置及电源指示应正常；

（10）气体继电器内应无气体；

（11）各控制箱和二次端子箱应关严，无受潮；

（12）干式变压器的外部表面应无积污；

（13）变压器室的门、窗、照明应完好，房屋不漏水，温度正常；

（14）现场规程中根据变压器的结构特点补充检查的其他项目。

2. 变压器的大修

变压器的大修与小修，是以是否需要吊心来区别的，所谓大修就是指对变压器心体的检修。

变压器大修周期规定如下：

（1）主变压器及主要的厂用变压器，在投入运行后 5 年内和以后每 5～10 年大修一次；一般厂用变压器，7～10 年进行一次。

（2）发电变压器和变电所的其他变压器，以及线路上的变压器，每 10 年大修一次。

（3）密封式变压器，只有在试验中发现有问题，认为有必要时才进行大修。

（4）有载调压的、强迫油循环导向水冷的变压器，建议在投入后第一年内和以后每 5 年大修一次。

（5）超出规定的过负荷运行或发生故障的变压器，以及运行中有特殊疑问的变压器，可根据检查测试结果进行计划外的大修。

变压器大修项目有：

（1）充分做好检修前的准备工作。

（2）打开变压器箱盖，吊心检查。

（3）检修心体中铁心、绕组、分接开关及引线。

（4）检修箱盖、油枕、防爆管、冷却油管、放油加油活门和套管等。

（5）检修冷却装置和滤油装置。

（6）清扫油箱、外壳，必要时进行油漆。

（7）检修控制测量仪表、信号和保护装置。

（8）滤油或换油。

（9）必要时做干燥处理。

（10）装配变压器。

（11）进行规定的测量和试验。

3. 变压器的小修

变压器小修是指不吊心检修，包括对变压器箱体外部器件的检修，补充变压器油，进行规定的测量和试验等。

变压器小修不必吊心即可进行，发电厂用变压器规定半年进行一次，其他变压器每年至少一次。

变压器小修项目有：

（1）检查导电排螺钉有无松动，铜铝接头是否良好，接头有无过热现象，若接头接触不良、接触面腐蚀或过热变黑，应用0号砂布打磨，修正平整，涂上导电膏，然后拧紧螺钉。拧螺钉时扭力应适当，若拧过了头，会使整个接线柱松动打转。

（2）检查套管有无裂痕和放电痕迹，并清扫灰尘、污垢。

（3）检查箱体接合处有无漏油痕迹。查出漏油处，可根据具体情况，更换密封垫或进行处理。

（4）检查储油柜的油位是否正常，油位计是否正常。若变压器缺油，应补充到位。放掉集污盒内的污油。

（5）检查干燥剂是否吸潮而失效。若已失效，应予以更换或做再生处理。

（6）检查冷却系统是否完好，并进行清扫。

（7）检查气体继电器是否漏油，阀门开闭是否灵活，接头之间绝缘是否完好。

（8）清扫油箱、散热片，必要时应铲锈涂漆。

（9）检查接地线是否完整、连接是否牢固。应没有锈蚀现象。

（10）测量高压对地、高压对低压，以及低压对地之间的绝缘电阻，以检查变压器的绝缘情况。

（11）测量每一分接头绕组的直流电阻，以检查接触情况和回路的完整性。

4. 干式变压器的维护

环氧浇注干式变压器具有难燃、自熄、耐潮、机械强度高、体积小、重量轻、承受短路能力强等多种优点，得到了广泛应用。但是干式变压器也存在一些缺点，例如，在通风不畅的情况下，其散热性能不如油浸式变压器好等。干式变压器属于免维护变压器，基本不用检修，但平时运行时，需要做以下维护：

（1）定期做好清扫工作。如发现有过多的灰尘聚集，则必须立即清除，以保证空气流通。在积尘较大的场所，干式变压器至少每半年再清扫一次。对于通风道里的灰尘。应使用吸尘器或压缩空气来进行清除。如果不及时清除将影响变压器的散热，还将导致变压器绝缘降低甚至造成绝缘击穿。

（2）加强通风设备的运行维护，保证变压器通风流畅。确保通风设备正常，主要是确保风机的正常运转。如所带负荷很小，并证明变压器确实没有特别过热点（这可用红外线测温仪和本身自配的温控器检测），可以减少运转的风机，但必须保证有风机正常运行，因为干式变压器一旦发生热损坏，将严重损坏内部绕组，其后果不堪设想。

（3）加强温度的监控。平常要加强对温控器的观察，看显示的三相温度是否平衡，某一相的温度显示值是否有突变现象。

（4）积极开展去潮去湿工作，保证其干燥程度。在某些比较潮湿的地方（如雨水较多、阴暗地方），若启用已停运的干式变压器，则要检查是否有异常潮湿。如有，要启动热风对其表面进行干燥处理，以防绝缘击穿。对氧浇注干式变压器而言，这种表面潮湿并不影响绕组内部的绝缘，因此，处理后就可投入运行。一旦变压器投入运行，其损耗产生的热量，将会使绝缘电阻恢复正常。

（5）认真检查紧固件、连接件是否松动，保障干式变压器的机械强度。变压器在长期运行过程中，由于外界支路等原因，不可避免地出现端头受力、振动引起的紧固件、连接件松动现象。

（6）积极开展除锈工作，防止铁心锈蚀。干式变压器的铁心都是暴露在空气中，极易锈蚀。如果发生大面积铁心锈蚀，就会使变压器的损耗增加、效率下降，甚至直接影响变压器的寿命。所以要定期除锈防锈，避免铁心锈蚀。

四、方法与步骤

变压器的套管检修、悬式吸湿器解体检修、变压器渗漏油处理、变压器油位偏低处理及变压器附件的更换是进行变压器检修维护的基本要求。为了让学生能够掌握变压器的日常运行维护，具备相应的技能水平，本次变压器的检修与维护项目特设计三个实际操作工作任务，分别是：① 变压器悬式吸湿器解体检修作业；② 主变压器套管油位偏低处理作业；③ 配电变压器 10kV 绝缘套管解体检修作业。

（一）任务一　变压器悬式吸湿器解体检修作业

1. 作业前准备

作业前准备工作见表 1–1。

表 1–1　　作业前准备

准备项目	准备内容
1. 图样资料	相关图样和技术文件
2. 安全用具	安全帽三顶

续表

准备项目	准 备 内 容
3. 工器具	组合工具一套；手套三副
4. 材料	（1）1kg 悬式吸湿器； （2）10、12 寸扳手各一把； （3）硅胶、密封圈、变压器油、白皮纸
5. 办理相关手续	提交停电申请，填写第二种工作票

特别注意：禁止雨、雪、雾等恶劣天气情况下作业。

2. 作业风险评估

作业开始前，应结合设备的运行情况进行风险评估，见表 1–2。并结合实际情况，采取相应的控制措施。

表 1–2　　作 业 风 险 评 估

作业内容	危害名称	风险种类	风险范畴	风险控制措施
变压器悬式吸湿器解体检修作业	触及带电部位	触电	人身风险	（1）严格履行工作许可手续，认真核对设备名称和编号； （2）工作中与带电体应保持足够的安全距离； （3）工作地点与带电部位安全距离不够时，必须停电才能进行工作，并认真核实停电的技术措施
	瓦斯保护误动作跳闸	设备停运	设备风险	工作结束后确保呼吸器畅通
	油滑的设备、地面	摔伤	人身风险	（1）严格执行检修规程，规范操作及时清洁设备及地面的油污； （2）现场工作人员互相监护与提醒； （3）在设备上方作业，必须打安全带
	带油设备失火	设备失火	设备风险	工作场所禁止吸烟、火焊

注　本风险评估表只作为参考，应根据现场实际情况分析处理。

3. 作业过程

作业开始前，工作负责人必须对其他工作班成员进行安全交底，交底的内容包括工作任务、停电范围、带电部位、安全措施及布置、操作注意事项，并对工作班成员进行危险点和相应控制措施的告知。具体作业过程见表 1–3。

表 1–3　　作 业 过 程

作业步骤	作业标准及质量	作业记录
1. 检查硅胶、呼吸器外观情况	核对呼吸器安装尺寸合适；检查呼吸器外观完好，硅胶未受潮（超过 2/3 需更换）	
2. 拆除呼吸器底部油杯	拆除油杯，清除油杯内油污并放置好	
3. 拆除呼吸器	拆除呼吸器 注：需两人配合工作，防止跌落损坏	
4. 清除受潮硅胶	清除受潮硅胶，清洁呼吸器内壁和底部网面，保证呼吸畅通	
5. 更换合格的硅胶	添加新硅胶至呼吸器容量的 80%～90%	
6. 回装呼吸器	装呼吸器时，检查垫圈，若已老化或损坏，应及时更换；紧固螺钉时应用力均匀，注意垫圈非正常变形情况	
7. 回装油杯	装上油杯，注意油杯内油位需满足要求	
8. 检查呼吸器是否正常工作	观察呼吸器是否呼吸	
9. 工作现场清理	无任何遗留物，做到工完、料尽、场地清	
10. 填写检修记录	检修记录应真确、齐全、完备	

（二）任务二　主变压器套管油位偏低处理作业

1. 作业前准备

作业前准备工作见表 1–4。

表 1–4　　作 业 前 准 备

准备项目	准 备 内 容
1. 图样资料	变压器安装使用说明书
2. 安全用具	安全帽三顶；4m 绝缘梯一把
3. 工器具	组合工具一套；手套三副
4. 材料	（1）软油管、漏斗、油瓢、油桶； （2）密封件、变压器油、清洁布、清洁剂
5. 办理相关手续	提交停电申请，填写第一种工作票

2. 作业风险评估

作业开始前，应结合设备的运行情况进行风险评估，见表 1–5。并结合实际情况，采取相应的控制措施。

表 1–5　　作业风险评估

作业内容	危害名称	风险种类	风险范畴	风险控制措施
主变压器套管油位偏低处理作业	渗漏油环境污染	环境污染	环境	（1）工作前仔细检查加油工器具，无漏油； （2）工作中小心谨慎
	油滑的设备、地面	摔伤	人身风险	（1）严格执行检修规程，规范操作及时清洁设备及地面的油污； （2）现场工作人员互相监护与提醒； （3）在设备上方作业，必须打安全带
	带油设备失火	设备失火	设备风险	工作场所禁止吸烟、火焊

注　本风险评估表只作为参考，应根据现场实际情况分析处理。

3. 作业过程

作业开始前，工作负责人必须对其他工作班成员进行安全交底，交底的内容包括工作任务、停电范围、带电部位、安全措施及布置、操作注意事项，并对工作班成员进行危险点和相应控制措施的告知。具体作业过程见表 1–6。

表 1–6　　作业过程

作业步骤	作业标准及质量	作业记录
1. 检查套管油位确实偏低，且需要补充	观察套管顶部的油位尺，若油位低于最低的刻度，则需要补油	
2. 清抹套管外表	套管自身清洁，无粉尘、油垢，必要时可用全能水进行清洁	
3. 打开套管下部的取油阀盖	检查取油阀是否漏油	
4. 检查套管顶部油枕的油位指示装置（管状玻璃油位表、平板玻璃油位表、指针式油位表）	玻璃是否开裂导致渗漏；指针式是否卡针	
5. 打开套管端部的注油放气塞	观察套管油位有无变化。是否因内部空气导致假油位	
6. 用小漏斗将补充油从注油放气塞缓慢加入，直至油位达到正常范围	注油过程必须缓慢进行，可加一些，停一下，使内部的气体及时排出，避免出现假油位	
7. 注油后静置 30min，然后密封注油放气塞	先静置，后封盖	
8. 观察油位指示	是否在正常油位	
9. 清理现场	现场无遗留物品	
10. 填写检修记录	检修记录应真确、齐全、完备	

（三）任务三　配电变压器 10kV 绝缘套管解体检修作业

1. 作业前准备

作业前准备工作见表 1–7。

表 1–7　　作 业 前 准 备

准备项目	准　备　内　容
1. 图样资料	变压器安装使用说明书
2. 安全用具	安全帽三顶；4m 绝缘梯一把
3. 工器具	组合工具一套；手套三副、毛刷一把、铲刀一把、12 寸活动扳手两把
4. 材料	清洁布、白皮纸、密封胶垫等备件
5. 办理相关手续	提交停电申请，填写第一种工作票

2. 作业风险评估

作业开始前，应结合设备的运行情况进行风险评估，见表 1–8。并结合实际情况，采取相应的风险控制措施。

表 1–8　　作 业 风 险 评 估

作业内容	危害名称	风险种类	风险范畴	风险控制措施
配电变压器 10kV 绝缘套管解体检修作业	渗漏油环境污染	环境污染	环境	（1）工作前仔细检查加油工器具，无漏油； （2）工作中小心谨慎
	油滑的设备、地面	摔伤	人身风险	（1）严格执行检修规程，规范操作及时清洁设备及地面的油污； （2）现场工作人员互相监护与提醒； （3）在设备上方作业，必须打安全带
	带油设备失火	设备失火	设备风险	工作场所禁止吸烟、火焊
	高空坠落	坠落	人身风险	（1）上设备前认真检查登梯、安全工器具、安全带； （2）高空作业专人监护

注　本风险评估表只作为参考，应根据现场实际情况分析处理。

3. 作业过程

作业开始前，工作负责人必须对其他工作班成员进行安全交底，交底的内容包括工作任务、停电范围、带电部位、安全措施及布置、操作注意事项，并对工作班成员进行危险点和相应控制措施的告知。具体作业过程见表 1–9。

表 1–9　　作 业 过 程

作业步骤	作业标准及质量	作业记录
1. 拆除变压器引线	拆除变压器的外部电气连接引线并固定	
2. 检查变压器套管	洗套管外面表的灰尘、油垢	
3. 解体	胶钳夹住导杆上端不准松动、下坠；拆除导杆、瓷套及配件无损伤	
4. 套管检修	导杆、瓷盖、瓷套、铜螺母、垫片、铁压件、箱盖、套管密封面清洁无油垢；清洗导杆检查导杆螺纹应无电弧灼，螺纹无滑扣，导杆尾部与引线的焊接应牢固，无脱焊现象；清洗瓷盖检查瓷压盖应无损伤；清洗瓷套达到清洁无油垢，检查瓷套应无裂纹、放电及局部损伤现象，检查瓷套内部固定导杆的凹槽应瓷质完整无掉茬、破碎现象；清洗铜螺母垫片、铁压件等零部件，达到清洁无油垢、无锈蚀；更换封环及密封胶垫；清洗箱盖套管密封面，达到清洁无污垢，检查套管密封面，应平整无径向沟痕	
5. 套管组装	组装应按分解相反的程序进行；瓷套安装：应均匀紧固铁压件螺母，使密封胶垫压缩量达到 1/3 左右；导杆安装：应使导杆上的固定件准确地进入套管内部的凹槽中，紧固导杆螺母，使封环压缩量达到 1/2 左右	
6. 补油	从储油柜上部进油并缓慢打开变压器储油柜与本体连接处的阀门	
7. 静放排气	所有套管、升高座、气体继电器、集气盒、冷却器、净油器都应依次打开放气塞，待油冒出放气塞后旋紧，并清洁油污	
8. 连接引线	清洁各搭接部位	
9. 清理现场	现场无遗留物品	
10. 填写检修记录	检修记录应真确、齐全、完备	

五、项目实施

（1）将学员分为三个小组，每个小组分别对应上述的三个工作任务，要求在实际操作工作前，所有学员必须熟悉上述操作步骤，对危险点进行评估，并采取相应控制措施后方可开始工作。工作中，选定一名工作负责人，负责协调和组织，并在工作工程中认真监护，确保工作的安全。

（2）在三个小组都完成自己的工作任务后，三个小组互相交换工作任务，直到所有任务全部完成，并且确保所有小组成员都能掌握相关操作方法。

（3）待所有学员都完成三个任务的工作后，老师根据学员的表现，分别对每个任务进行任务评价。

六、项目评价

任务一至任务三的项目评价表分别见表 1–10～表 1–12。

表 1–10　　任务一项目评价表

<table>
<tr><td>实施时间</td><td>30min</td><td>项目编码</td><td></td><td>项目总分</td><td>100</td></tr>
<tr><td>实施方式</td><td>实际操作</td><td>实施地点</td><td></td><td>得分汇总</td><td></td></tr>
<tr><td>项目名称</td><td colspan="5">变压器悬式吸湿器解体检修作业</td></tr>
<tr><td>需要说明的问题和要求</td><td colspan="5">（1）现场检修设备应做好安全措施；
（2）口头办理和终结工作票；
（3）分栏总扣分不超过标准分值</td></tr>
<tr><td>工具、材料、设备、场地</td><td colspan="5">（1）1kg 悬式吸湿器；
（2）组合工具一套；
（3）10、12 寸扳手各一把；
（4）硅胶、变压器油、白皮纸</td></tr>
<tr><td rowspan="8">考核标准</td><td colspan="2">项目步骤（分值）</td><td>质量要求</td><td>扣分标准</td><td>得分</td></tr>
<tr><td colspan="4">1. 工作前准备（20 分）</td><td></td></tr>
<tr><td colspan="2">（1）检修前准备（5 分）</td><td>工器具、材料齐全，着装合理</td><td>（1）每缺少一件工器具、材料、备品备件影响检修扣 3 分；
（2）着装影响安全扣 1 分；
（3）拿大量无用工具扣 1 分</td><td></td></tr>
<tr><td colspan="2">（2）检修资料准备（5 分）</td><td>设备说明书、运行情况资料、检修报告等</td><td>每缺少一件必备的技术资料影响检修扣 1 分</td><td></td></tr>
<tr><td colspan="2">（3）办理工作许可手续（5 分）</td><td>口头正确履行开工手续，核实安全措施</td><td>（1）不知道正确履行工作票手续就工作扣 5 分；
（2）不了解工作内容和安全措施扣 3 分；
（3）安全措施叙述不完善扣 2 分</td><td></td></tr>
<tr><td colspan="4">2. 工作过程（65 分）</td><td></td></tr>
<tr><td colspan="2">（1）解体前的检查（10 分）</td><td>检查玻璃罩；检查硅胶变色；检查渗漏情况</td><td>（1）不检查玻璃罩破损扣 3 分；
（2）不检查硅胶变色扣 4 分；
（3）不检查渗漏情况扣 3 分</td><td></td></tr>
</table>

续表

	项目步骤（分值）	质量要求	扣分标准	得分
考核标准	（2）解体检修（25分）	正确拆卸呼吸器	（1）不会拆卸呼吸器扣5分； （2）未放掉底罩上油扣5分； （3）不会将底座和玻璃取下扣5分； （4）未检查底罩、底座玻璃罩扣5分； （5）未检查连接管是否畅通扣5分	
	（3）呼吸器组装（30分）	更换变色的硅胶；更换胶垫；底罩内装入适量变压器油；清洁呼吸器	（1）未更换变色的硅胶扣5分； （2）未更换胶垫扣5分； （3）底罩内装变压器油过多扣5分； （4）玻璃罩不合格扣5分； （5）未清洁呼吸器表面扣5分； （6）未装变压器油扣5分	
	3. 工作终结验收（15分）			
	（1）清理现场、文明施工（5分）	做到工完、料净、场地清	（1）未清理现场扣2分； （2）遗留一样工器具或材料扣1分	
	（2）填写检修报告（5分）	齐全、正确	一项不符扣2分	
	（3）办理工作终结手续（5分）	正确口头办理工作终结手续	不办理扣5分	
考评员签字：			日期：	

注　发生重大事故（人身和设备安全事故）、严重违反维修原则和情节严重的野蛮操作等，由指导教师决定是否取消其实际操作资格。

表1–11　　**任务二项目评价表**

实施时间	30min	项目编码		项目总分	100
实施方式	实际操作	实施地点		得分汇总	
项目名称	主变压器套管油位偏低处理作业				
需要说明的问题和要求	（1）单人操作、专人监护； （2）变压器安全措施已完成				
工具、材料、设备、场地	（1）提供实际操作场地、变压器一组； （2）组合工具一套； （3）软油管、漏斗、油瓢、油桶、密封件、变压器油、清洁布、清洁剂； （4）安全带、安全帽				

续表

	项目步骤（分值）	质量要求	扣分标准	得分
考核标准	1. 工作前准备（20 分）			
	（1）检修前准备（5 分）	工器具、材料齐全，着装合理	（1）每缺少一件工器具、材料、备品备件影响检修扣 3 分； （2）着装影响安全扣 1 分； （3）拿大量无用工具扣 1 分	
	（2）检修资料准备（5 分）	设备说明书、运行情况资料、检修报告等	每缺少一件必备的技术资料影响检修扣 1 分	
	（3）办理工作许可手续（10 分）	口头正确履行开工手续，核实安全措施	（1）不知道正确履行工作票手续就工作扣 5 分； （2）不了解工作内容和安全措施扣 3 分； （3）安全措施叙述不完善扣 2 分	
	2. 工作过程（65 分）			
	（1）检查套管油位确实偏低（10 分）	观察套管顶部的油位尺，若油位低于最低的刻度，则需要补油	不会检查油位扣 10 分	
	（2）清抹套管外表（5 分）	套管自身清洁，无粉尘、油垢，必要时可用全能水进行清洁	未清扫扣 5 分	
	（3）打开套管下部的取油阀盖（5 分）	检查取油阀是否漏油	未检查扣 5 分	
	（4）检查套管顶部油枕的油位指示装置（管状玻璃油位表、平板玻璃油位表、指针式油位表）（5 分）	玻璃是否开裂导致渗漏；指针式是否卡针	未检查扣 5 分	
	（5）打开套管端部的注油放气塞用小漏斗将补充油从注油放气塞缓慢加入，直至油位达到正常范围（25 分）	观察套管油位有无变化。是否因内部空气导致假油位。 注油过程必须缓慢进行，可加一些，停一下，使内部的气体及时排出，避免出现假油位	（1）不会注油扣 15 分； （2）注油速度过快扣 10 分	
	（6）注油后静置 30 分钟，然后密封注油放气塞，观察油位变化（10 分）	先静置，后封盖是否在正常油位	不知道合格标准扣 10 分	

续表

	项目步骤（分值）	质量要求	扣分标准	得分
考核标准	3. 工作终结验收（15分）			
	（1）清理现场、文明施工（5分）	做到工完、料净、场地清	（1）未清理现场扣2分； （2）遗留一样工器具或材料扣1分	
	（2）填写检修报告（5分）	齐全、正确	一项不符扣2分	
	（3）办理工作终结手续（5分）	正确口头办理工作终结手续	未办理扣5分	
考评员签字：			日期：	

注　发生重大事故（人身和设备安全事故）、严重违反维修原则和情节严重的野蛮操作等，由指导教师决定是否取消其实际操作资格。

表1–12　　**任务三项目评价表**

实施时间	30min	项目编码		项目总分	100
实施方式	实际操作	实施地点		得分汇总	
项目名称	配电变压器10kV绝缘套管解体检修作业				
需要说明的问题和要求	（1）现场检修设备应做好安全措施； （2）配合人员一名； （3）口头办理和终结工作票； （4）变压器器身已吊出至油盘内； （5）分栏总扣分不超过标准分值				
工具、材料、设备、场地	（1）工具：组合工具一套、毛刷一把、铲刀一把、12寸活动扳手两把、清洁布、白皮纸。 （2）设备材料：配电变压器一台、密封胶垫等备件				

	项目步骤（分值）	质量要求	扣分标准	得分
考核标准	1. 工作前准备（20分）			
	（1）检修前准备（5分）	工器具、材料齐全，着装合理	（1）每缺少一件工器具、材料、备品备件影响检修扣3分； （2）着装影响安全扣1分； （3）拿大量无用工具扣1分	
	（2）检修资料准备（5分）	设备说明书、运行情况资料、检修报告等	每缺少一件必备的技术资料影响检修扣1分	
	（3）办理工作许可手续（10分）	口头正确履行开工手续，核实安全措施	（1）不知道正确履行工作票手续就工作扣5分； （2）不了解工作内容和安全措施扣3分； （3）安全措施叙述不完善扣2分	

续表

	项目步骤（分值）	质量要求	扣分标准	得分
考核标准	2. 工作过程（65 分）			
	（1）检查变压器套管（6 分）	清洁	（1）未检查、未清洗套管外面表的灰尘、油垢各扣 2 分； （2）未清洁干净扣 2 分	
	（2）解体（10 分）	8 寸胶钳夹住导杆上端不准松动、下坠；拆除导杆、瓷套及配件无损伤	（1）不会 8 寸胶钳夹住导杆上端扣 2 分； （2）不会拆除导杆螺母、取出铜垫及衬垫扣 2 分； （3）未取出瓷盖及封环扣 2 分； （4）导杆未推放入套管中扣 2 分； （5）不会拆除套管压件、取出瓷套及密封胶垫扣 2 分	
	（3）套管检修（36 分）	导杆、瓷盖、瓷套、铜螺母、垫片、铁压件、箱盖、套管密封面清洁无油垢；清洗导杆，检查导杆螺纹应无电弧灼，螺纹无滑扣，导杆尾部与引线的焊接应牢固，无脱焊现象；清洗瓷盖，检查瓷压盖应无损伤；清洗瓷套达到清洁无油垢，检查瓷套应无裂纹、放电及局部损伤现象；检查瓷套内部固定导杆的凹槽应瓷质完整无掉茬、破碎现象；清洗铜螺母垫片、铁压件等零部件，达到清洁无油垢、无锈蚀；更换封环及密封胶垫；清洗箱盖套管密封面，达到清洁无污垢，检查套管密封面，应平整、无径向沟痕	（1）不会清洗或清洗不干净（每一个零件）扣 2 分； （2）不会检查导杆螺纹是否有电弧灼伤、滑扣，导杆尾部与引线的焊接是否牢固，存在缺陷未发现各扣 4 分； （3）不会检查瓷压盖、瓷套有无损伤、裂纹、放电，瓷套内部固定导电杆的凹槽瓷套是否破碎、掉茬各扣 3 分； （4）不会检查瓷套密封面是否平整、有无径向沟痕扣 3 分； （5）发现缺陷不会处理每项扣 3 分； （6）不会清理锈蚀扣 3 分； （7）未更换密封环及密封胶垫扣 4 分	

续表

	项目步骤（分值）	质量要求	扣分标准	得分
考核标准	（4）套管组装（23分）	组装应按分解相反的程序进行；瓷套安装：应均匀紧固铁压件螺母，使密封胶垫压缩量达到1/3左右；导杆安装：应使导杆上的固定件准确地进入套管内部的凹槽中，紧固导杆螺母，使封环压缩量达到1/2左右	（1）不会组装，不会按说明书组装各扣3分； （2）组装程序错误每项扣1分； （3）密封胶垫未按工艺要求压缩扣3分； （4）不会均匀紧固螺母扣2分； （5）不会将导杆上固定件准确放入凹槽中扣5分； （6）密封环未按要求压缩扣1分	
	3. 工作终结验收（15分）			
	（1）清理现场、文明施工（5分）	做到工完、料净、场地清	（1）不清理现场扣2分； （2）遗留一样工器具或材料扣1分	
	（2）填写检修报告（5分）	齐全、正确	一项不符扣2分	
	（3）办理工作终结手续（5分）	正确口头办理工作终结手续	未办理扣5分	
考评员签字：			日期：	

注　发生重大事故（人身和设备安全事故）、严重违反维修原则和情节严重的野蛮操作等，由指导教师决定是否取消其实际操作资格。

思　考　题

1. 电力变压器分接开关的种类、结构和作用各是什么？
2. 铁心多点接地会造成什么后果？为什么？
3. 三相变压器组有何优缺点？
4. 试叙述主变压器有载分接开关更换绝缘油作业的方法、步骤及注意事项。

2. 项目二

SF_6断路器检修及维护

一、学习目标

1. 知识目标

（1）了解 SF_6 气体的特性，SF_6 断路器的结构和灭弧原理；

（2）了解断路器主要技术参数的含义，掌握 SF_6 断路器检修时存在的风险及相应的控制措施；

（3）掌握 SF_6 断路器检修项目、周期、修前准备及质量标准等。

2. 能力目标

（1）能够根据缺陷现象判断设备缺陷；

（2）能独立对 110kV 及以下 SF_6 断路器常见缺陷进行检修（包括断路器分、合闸线圈的更换，SF_6 气体的补充，断路器储能电动机的更换）；

（3）能在检修过程中，正确合理地控制风险，正确使用工器具及安全用具。

二、项目分析

六氟化硫断路器是利用六氟化硫（SF_6）气体作为灭弧介质和绝缘介质的一种断路器。简称 SF_6 断路器。六氟化硫用作断路器中灭弧介质始于 20 世纪 50 年代初。由于这种气体的优异特性，使这种断路器单断口在电压和电流参数方面大大高于压缩空气断路器和少油断路器，并且不需要高的气压和相当多的串联断口数。在 60～70 年代，SF_6 断路器已广泛用于超高压大容量电力系统中。80 年代初已研制成功 363kV 单断口、550kV 双断口和额定开断电流达 80kA、100kA 的 SF_6 断路器。现在，SF_6 断路器已广泛应用于电力系统的各个电压等级。

SF_6 断路器实际应用中检修维护工作相比油断路器结构简单，运行可靠，因此，检修维护工作量也较少，常见的缺陷有：SF_6 气体泄漏、分合闸线圈烧坏、储能电动机故障等。

本项目要求在一台配有弹簧操动机构的 SF_6 断路器上，要求能够独立完成断路器分、合闸线圈的更换，SF_6 气体的补充，断路器储能电动机的更换工作，并且能试分析出造成以上设备缺陷的原因。

三、相关知识

（一）SF_6 气体的特性

SF_6 气体已有百年历史，它是法国两位化学家 Moissan 和 Lebeau 于 1900 年合成的人造惰性气体，常用于高压电气设备的绝缘和灭弧，它主要有以下特性：

1. 物理性质

SF_6气体是无色、无味、无毒、且不可燃的惰性气体，有着优异的冷却电弧的特性，特别是在开关设备有电弧高温的作用下，能够产生较高的冷却效应，避免局部高温的可燃性。

SF_6气体在相同条件下，其密度约为空气的 5 倍，其压力与温度的关系遵循理想气体定律。根据测算，SF_6气体只有在温度高于 45.6℃时才能保持气态，在通常使用条件下，它有液化的可能，因此，SF_6气体不能在过低温度和过低压力下使用。

SF_6气体具有优良的导热性能，这也是SF_6气体具有优良灭弧性能的原因之一，SF_6的导热性好可归结为两种原因，一是SF_6的分子量大，质量热容大，其对流的传热能力优于空气，二是在高温下产生的冷却效应。

2. 化学性质

SF_6气体本身是一种很稳定的化合物，微溶于水，300℃以下干燥环境中与铜、银、铁、铝不反应，因此在正常温度范围内，SF_6气体不与电气设备中的金属起化学反应。SF_6气体的分解温度约为 600℃，此时SF_6气体分解为硫的低氟化物。因此，SF_6气体在电气设备的 A 级绝缘温度（105℃）以内是相当稳定的。

3. 电气特性

SF_6气体具有良好的电气绝缘性能及优异的灭弧性能。其耐电强度为同一压力下氮气的 2.5 倍，击穿电压是空气的 2.5 倍，灭弧能力是空气的 100 倍，是一种优于空气和油之间的新一代超高压绝缘介质材料。实践证明：在空气中掺入少量的SF_6气体，空气的绝缘强度显著提高。

4. 水分对SF_6气体的危害

SF_6气体本身是无色、无味、无毒、且不可燃的惰性气体，但是如果SF_6气体中的水分超过一定浓度时，在电弧的高温作用下，SF_6气体就可能产生多种水解反应，产生SF_2、S_2F_2、S_2F_{10}、HF 等物质，其中S_2F_{10}是被公认为的剧毒物质。此外，水分的凝结对设备的绝缘也会产生危害。因此，在SF_6电气设备中，必须严格控制其含水量。

国标规定SF_6断路器中气体湿度为（20℃时）：交接验收时≤150μL/L 体积比，运行时≤300μL/L 体积比，SF_6气瓶中≤68μL/L 体积比。

（二）SF_6断路器的发展过程

SF_6断路器的发展经历了以下几个阶段：

（1）简单开断式 SF_6 断路器。SF_6 断路器中最早期的产品只有简单开断的功能，它工作的原理是加大动触头和静触头之间的距离来完成通断。简单开断式 SF_6 断路器还没有气吹和冷却电弧，在使用方法和使用效果上都不太理想，因此很快就退出了 SF_6 断路器市场。

（2）双压式吹弧 SF_6 断路器。SF_6 断路器的第二代产品是双压式吹弧 SF_6 断路器。第二代 SF_6 断路器的内部设定有两种气压的 SF_6 气体，低压 SF_6 气体为 3～5 个大气压，只负责内部绝缘，而高压 SF_6 气体为 10 个大气压以上，用于吹弧分断。双压式吹弧 SF_6 断路器的灭弧能力突出、开断能力强，并有金属短接时间短、全开断时间短的优点。可惜的是，双压式吹弧 SF_6 断路器的结构复杂，需要多种辅助设备，且高压 SF_6 气体在高压环境中容易液化，因此也逐渐被断路器市场所淘汰。

（3）单压式吹弧 SF_6 断路器。单压式吹弧 SF_6 断路器是双压式吹弧 SF_6 断路器的升级换代产品，它的内部只设有一种压力的 SF_6 气体，压力为 5～6 个大气压。单压式吹弧 SF_6 断路器的工作原理是在短时间内提高压气室内的压力，当压力满足吹弧需要时，再断开触头打开喷口，完成吹弧。单压式 SF_6 断路器是目前应用最为广泛的 SF_6 断路器产品，它也被称为压气式 SF_6 断路器。这种 SF_6 断路器的优点在于它的结构简单、气体液化温度低，不需额外加热装置，比起双压式 SF_6 断路器来说使用更为方便。

（4）自能式吹弧 SF_6 断路器。自能式吹弧 SF_6 断路器也被称为是自生压力式 SF_6 断路器或旋弧式 SF_6 断路器。自能式 SF_6 断路器是依靠磁场使电弧旋转或利用电弧的阻塞效应，利用电弧的能量来分解和加热 SF_6 气体，增加它的气体压力后完成吹弧，比常规的 SF_6 压气式断路器所需的能量减至 50%以下，且开断负荷电流时利用压气效应，避免开断电流的死区。

（三）SF_6 断路器的主要技术参数的含义

（1）额定电压（kV）。指断路器正常工作时，系统的额定（线）电压。这是断路器的标称电压，断路器应能保持在这一电压的电力系统中使用，最高工作电压可超过额定电压 15%。

（2）额定电流（kA）。指断路器在规定使用和性能条件下可以长期通过的最大电流（有效值）。当额定电流长期通过高压断路器时，其发热温度不应超过国家标准中规定的数值。

（3）额定（短路）开断电流（kA）。指在额定电压下，断路器能可靠切断的最大短路电流周期分量有效值，该值表示断路器的断路能力。

（4）额定峰值耐受（动稳定）电流（kA）。指在规定的使用和性能条件下，断路器在合闸位置时所能承受的额定短时耐受电流第一个半波达到电流峰值。它反映设备受短路电流引起的电动效应能力。

（5）额定短时耐受（热稳定）电流（kA）。指在规定的使用和性能条件下，在额定短路持续时间内，断路器在合闸位置时所能承载的电流有效值。它反应设备经受短路电流引起的热效应能力。

（6）额定短路关合电流（kA）。指在规定的使用和性能条件下，断路器保证正常关合的最大预期峰值电流。

（7）分闸时间（ms）。断路器分闸时间是指从接到分闸指令开始到所有极弧触头都分离瞬间的时间间隔。在以前的有关标准中，分闸时间又称为固分时间。

（8）开断时间（ms）。指断路器从分闸线圈通电 （发布分闸命令）起至三相电弧完全熄灭为止的时间。开断时间为分闸时间和电弧燃烧时间（燃弧时间）之和。

（9）合闸时间（ms）。合闸时间是指从合闸命令开始到最后一极弧触头接触瞬间的时间间隔。在以前的有关标准中，合闸时间又称为固合时间。

（10）金属短接时间（ms）。指断路器在合闸操作时从动、静触头刚接触到刚分离时的一段时间。这个时间如果太长，则当重合于永久故障时持续时间长，对电网稳定不利；如果太短，会影响断路器灭弧室断口间的介质恢复，而导致不能可靠地开断。

（11）分（合）闸不同期时间（ms）。指断路器各相间或同相各断口间分（合）的最大差异时间。

（12）额定充气压力（表压：MPa）。指标准大气压下设备运行前或补气时要求充入气体的压力。

（13）相对漏气率（简称漏气率）。指设备（隔室）在额定充气压力下，在一定时间间隔内测定的漏气量与总气量之比，以年漏百分率表示。

（14）无电流间隔时间（ms）。指由断路器各相中的电弧完全熄灭到任意相再次同过电流为止的所用时间。

（15）分（合）速度。开关分（合）闸过程中，动触头的运动速度。

（16）刚分（合）速度。所谓刚分（合）速度是指刚分后（刚合前）一段时间（根据厂家定义，一般为10ms）的平均速度。

（17）全行程。指断路器从开始合闸到触头合到底时触头所动作的距离。

（18）超行程。动触头刚接触静触头时到动触头合到底的距离。

以 AREVA 公司的 GL 系列断路器为例，其技术参数见表 2–1。

表 2–1　　GL 系列断路器技术参数

技术参数	单位	断路器类型		
		GL314（分相操动）	GL314 F1（三相联动）	GL312F1（三相联动）
额定电压	kV	252		126
额定频率	Hz	50		50
额定工作电流	A	4000	4000	3150
雷电冲击耐受电压：对地、断口间	kV	1050/1050+200	1050/1050+200	650/650
工频耐受电压：对地、断口间	kV	460/460+145	460/460+145	275/230+70
额定短路开断电流	kA	50	50	40
主回路的电阻值（μΩ）		44/48	44/48	35±7
分闸时间	ms	18～24ms（早期产品）/16～26ms	16～26ms	35～41ms（早期产品）/26～31ms
合闸时间	ms	82～102ms（早期产品）/58～78ms	98～128ms	59～69（早期产品）/59～71ms
重合闸无电流间隙时间	ms	300 及以上可调		
电动机储能时间	s	＜15		
合分时间	ms	20～60ms（早期产品）/17～67ms	41～81ms	30～70ms（早期产品）/30～50ms
分闸时相间最大不同期时间	ms	2	2	2.5
合闸时相间最大不同期时间	ms	3	3	3
每只合闸线圈的直流电阻	Ω	DC 220V、142Ω/DC 110V、35.5Ω		
每只分闸线圈的直流电阻	Ω	DC 220V、142Ω/DC 110V、35.5Ω		
瓷套爬电距离（对地/断口间）	mm	6300/7780，8750/8668	6300/7780，8750/8668	3906/3906，4495/4495
干弧距离	mm	1870/2300	1870/2300	1210
分闸线圈可靠动作电压范围	V	≤30%不动作，65%～120%额定电压可靠动作		
合闸线圈可靠动作电压范围	V	≤30%不动作，80%～110%额定电压可靠动作		
合闸速度定义	刚合点到刚合点之前的 8ms 内的平均速度			
分闸速度定义	刚分点到刚分点之后 8ms 内的平均速度			
合闸平均速度	m/s	5.6	3.6	4.5
分闸平均速度	m/s	7.5	7	6.4

续表

技术参数		单位	断路器类型		
			GL314 （分相操动）	GL314 F1 （三相联动）	GL312F1 （三相联动）
SF_6 气体微水含量 （20℃表压）		μL/L	（运行）　≤300		
		μL/L	（安装调试后的交接试验）　≤150		
SF_6气体压力 （20℃表压）	最高	MPa	0.75（绝对压力）/0.65（相对压力）		0.74（绝对压力） /0.64（相对压力）
	额定	MPa	0.75（绝对压力）/0.65（相对压力）		0.74（绝对压力） /0.64（相对压力）
	最低	MPa	0.61（绝对压力）/0.51（相对压力）		
报警压力（20℃表压）		MPa	0.64（绝对压力）/0.54（相对压力）		
闭锁压力（20℃表压）		MPa	0.61（绝对压力）/0.51（相对压力）		
SF_6泄漏率		%/年	（排除测微水取样气的损耗和环境温度的变化）≤0.5		

（四）SF_6断路器的灭弧原理

1. 压气式灭弧室灭弧原理

压气式灭弧室结构图如图 2–1 所示。

当断路器分闸时，动触头随着操作连杆的运动而向左运动，当动弧触头与静弧触头分开时，触头间喷口打开，储气室内的 SF_6气体被压缩，使储气室内的 SF_6气体压力迅速升高，同时，由于动、静触头之间产生电弧的高温作用，电弧周围的 SF_6气体被迅速加热，使得大量的冷却的 SF_6 气体从喷口喷出，吹向电弧，使电弧拉长、并迅速冷却而熄灭。

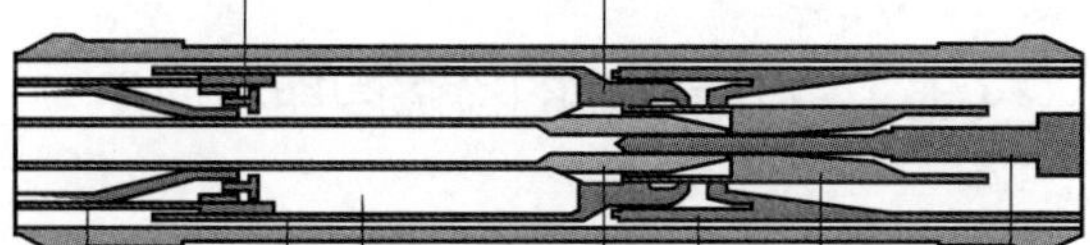

图 2–1　压气式灭弧室结构图

这些年，由于压气式灭弧室存在靠机械运动产生灭弧所需气压灭弧、操作功大、机械寿命低、开断小电流时易产生截流过电压等缺点，逐步被自能式灭弧室所取代。

2. 自能式灭弧室灭弧原理

自能式灭弧室结构图如图 2–2 所示。

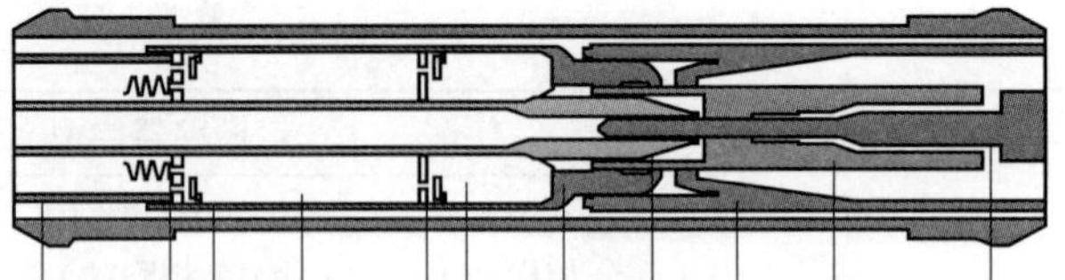

图 2–2　自能式灭弧室结构图

自能式灭弧室在开断大电流时利用电弧本身产生的能量，当断路器分闸时，动触头随着操作连杆的运动而向左运动，当动弧触头与静弧触头分开时，将电弧产生的高压高温的六氟化硫气体引入储气室（热膨胀室），在喷口打开后，在使得大量的冷却的 SF_6 气体从喷口喷出，吹向电弧，使电弧拉长、并迅速冷却而熄灭。此时，由于储气室内温度高，压力足够大，使得储气室内的压力大于辅助储气室内压力，从而阀门 1 关闭，阀门 2 打开，辅助压气室（压气室）中的 SF_6 气体被排放，使机构不必要克服更多的压气反力，从而减小了操作功。

而在开断小电流时，由于电弧本身产生的压力不够，能量不足不能熄弧，此时，辅助储气室（压气室）的压力大于储气室（热膨胀室）压力，使得阀门 2 关闭，阀门 1 打开，利用辅助压气室（压气室）中产生的较高压力的 SF_6 气体来吹弧，在电流过零时，这些具有一定压力的气体吹向断口使电弧熄灭。

（五）SF_6 断路器的检修周期和项目

1. 检修周期

检修周期是按照设备的类型、运行情况、易损件的磨损和老化及各单位的维护检修情况等因素，综合分析而确定的。根据国家电力行业标准和检修经验，SF_6 断路器的检修周期可参考以下条款：

（1）大修：10～35kV 断路器一般是 10 年；110～500kV 断路器一般是 12～15 年，可根据断路器状态评价的情况适当缩短或延长。

（2）小修：每年一次。

（3）临时性检修：正常操作达到生产厂家操作次数；满容量开断次数或累计开断电流达厂家规定值；断路器本体或机构出现严重故障，影响到设备的安全运行时，均应进行临时性检修。

2. 检修项目

（1）大修。

1）吸附剂更换、SF_6气体回收处理。更换下的吸附剂及废弃物应按有关规定妥善处理。

2）部分解体检修或更换。解体检修时应注意检修环境要清洁干燥，通风良好，应备有必要的防护措施如防毒面具、防护服和防护手套，应有 SF_6气体和化学废物的处理设备和措施。

3）支柱装配、灭弧室分解检修。

4）并联电阻解体检修、测量。

5）并联电容检查、试验。

6）主轴装配部分解体检修。

7）密封部分解体检修。

8）缓冲器检修或更换。

9）操动机构检修。

10）压力表、密度表、压力继电器、密度继电器等校验。

11）修前、修后各种电气和机械特性测量、调整和试验。

12）除锈刷漆等及其他项目。

（2）小修。

1）全面检查外观，并进行外绝缘的清扫，重点检查引线导电板、软连接、帽盖、并联电容器的固定螺栓。

2）液压机构要检查油位指示器、各部放油阀及处理渗、漏油，不良密封件和易损件的更换。

3）检查各传动备件各轴销，并涂润滑油。

4）检查 SF_6气体压力，SF_6断路器进行微水含量检测（投产后一年一次，如无异常三年一次）和检漏。

四、方法与步骤

SF_6断路器的气体检漏、补充气体、一般部件（分/合闸线圈、密度计、压力表、继电器、行程开关等）的更换是进行 SF_6断路器运行维护的基本要求。为了让学生能够掌握 SF_6断路器的日常运行维护，具备相应的技能水平，本次 SF_6断路器的检修与维护项目特设计三个实际操作工作任务，分别是：① SF_6断路器带电补气作业；

② SF_6 断路器分/合闸线圈更换作业；③ SF_6 断路器运行巡视与维护检查作业。

工作任务所列举的操作方法全部以阿尔斯通公司 110kV 的 GL312F1 型 SF_6 断路器为例。

（一）任务一　SF_6 断路器带电补气作业

1. 作业前准备

作业前准备工作见表 2–2。

表 2–2　　作 业 前 准 备

准备项目	准 备 内 容
1. 图样资料	相关图样和技术文件
2. 安全用具	安全帽三顶；防毒面具三顶
3. 工器具	组合工具一套；手套三副
4. 材料	合格的 SF_6 气体一瓶、相应型号断路器充气接头一套、氧气减压阀一个
5. 办理相关手续	提交停电申请，填写第二种工作票

特别注意：禁止雨、雪、雾等恶劣天气情况下带电补气。

2. 作业风险评估

作业开始前，应结合设备的运行情况进行风险评估，见表 2–3。并结合实际情况，采取相应的控制措施。

表 2–3　　作 业 风 险 评 估

作业内容	危害名称	风险种类	风险范畴	风险控制措施
SF_6 断路器带电补气作业	SF_6 分解物中毒	中毒	人身风险	正确使用防护用品。进入断路器室前，必须开启强力通风装置 15min，工作区空气中 SF_6 气体含量不得超过 1000ppm（1‰），含氧量不得低于 18%，工作人员站立在上风位
	设备中 SF_6 气体压力降至报警值引起设备误动作	设备停运	设备风险	工作人员熟悉设备性能，熟练充气步骤，使用专用、完好的充气接头和充气设备

续表

作业内容	危害名称	风险种类	风险范畴	风险控制措施
SF_6断路器带电补气作业	误碰带电设备	触电	人身风险	作业人员与带电体应保持足够的安全距离。必要时，采用接地线短接已停电部位与地之间，防止感应电伤人
	未复位的本体充气接头逆止阀	设备损坏	设备风险	（1）对新进气体工作前进行检验； （2）工作班人员工作中加强监督并提醒； （3）充气时缓慢接上充气接头，避免使用蛮力
	断路器本体气体泄漏	环境污染	环境污染	（1）判断该气室逆止阀返回密封是否良好； （2）确保充气压力大于被充设备压力

注　本风险评估表只作为参考，应根据现场实际情况分析处理。

3. 作业过程

作业开始前，工作负责人必须对其他工作班成员进行安全交底，交底的内容包括工作任务、停电范围、带电部位、安全措施及布置、操作注意事项，并对工作班成员进行危险点和相应控制措施的告知。具体作业过程见表 2–4。

表 2–4　　**作　业　过　程**

作业步骤	作业标准及质量	作业记录
1. 处理前记录	记录充气前 SF_6压力	（　　）MPa
2. 卸下 SF_6气瓶 3 上的盖子 1 和旋塞 2	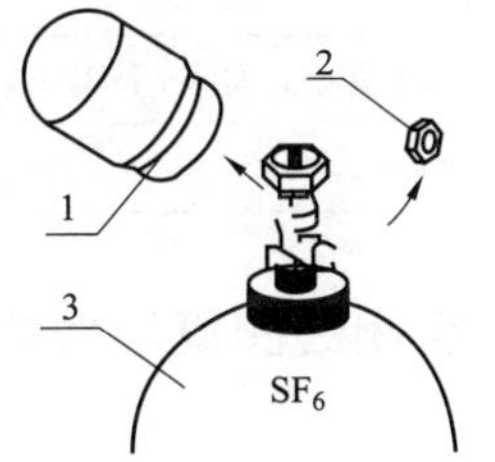	
3. 将减压阀 4 安装在 SF_6气瓶 3 上	各件连接紧密，不得有松动或泄漏 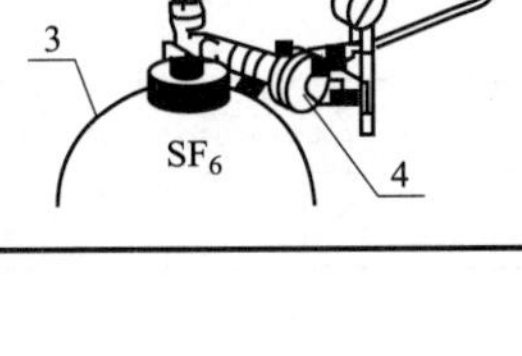	

续表

作业步骤	作业标准及质量	作业记录
4. 打开 SF_6 气瓶的阀 5 和减压阀的阀 6，以除去管道中的空气	排除管道中空气使管道和接头干燥，注意洗充时间和气流量（低流量时大约需要 20s） 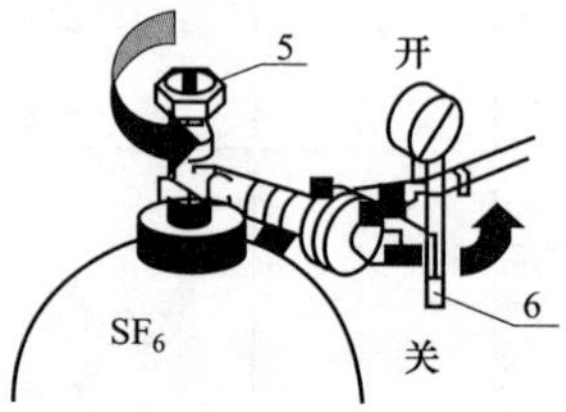 	
5. 关上 SF_6 气瓶的阀 5 和减压阀的阀 6	注：管子 7 的一端应当高一点，以免潮湿空气进入管子内。连接紧密，如是自封式接头可直接接上，如不是自封式接头则连接时可稍微开启阀门，使接头处有少量 SF_6 气体吹出，避免空气混入 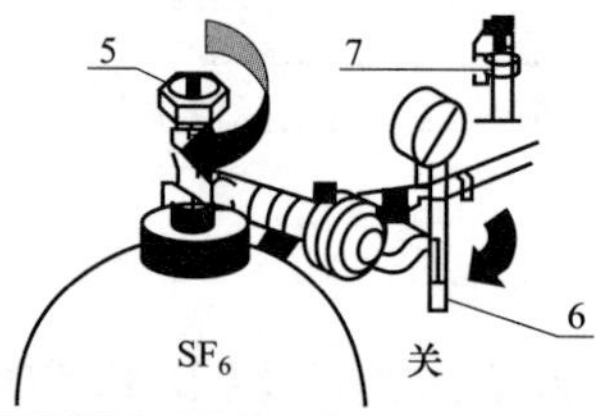 	
6. 开启阀门向设备缓慢充入 SF_6 气体	将气体充至比额定压力高 0.02MPa，充气过程须有人严密观察设备压力表，到达额定压力时立即关闭阀门	(　　) MPa
7. 关闭阀门，观察设备 SF_6 压力表读数	静止数分钟，观察设备压力表指针回落情况，如回落过多，则须再次开启阀门充气	
8. 关闭阀门，卸下充气接头	检查设备充气阀完好无泄漏，可用检漏仪或肥皂水检测	
9. 装回设备充气阀封盖	封盖完好严实	
10. 检查处理效果	记录补气后 SF_6 压力	(　　) MPa
11. 工作现场清理	无任何遗留物，做到工完、料尽、场地清	
12. 填写检修记录	检修记录应真确、齐全、完备	

（二）任务二　断路器分/合闸线圈更换作业

1. 作业前准备

作业前准备工作见表 2–5。

表 2–5　　　　作 业 前 准 备

准备项目	准　备　内　容
1. 图样资料	断路器二次控制回路图
2. 安全用具	安全帽三顶

续表

准备项目	准　备　内　容
3. 工器具	组合工具一套；手套三副；万用表一只
4. 材料	分/合闸线圈各一个，绝缘胶带一卷
5. 办理相关手续	提交停电申请，填写第一种工作票

2. 作业风险评估

作业开始前，应结合设备的运行情况进行风险评估，见表 2–6。并结合实际情况，采取相应的控制措施。

表 2–6　　作 业 风 险 评 估

作业内容	危害名称	风险种类	风险范畴	风险控制措施
断路器分/合闸线圈更换作业	液压弹簧能量失控	人员受伤	人身风险	应避开断路器等可动作设备的传动部分，同时确认断路器的储能电源已断开，断路器操动机构能量已释放
	二次线接错	设备损坏	设备风险	（1）执行作业流程和规范； （2）合理安排胜任人员，接线时做好标记； （3）进行现场作业监护
	触电	触电	人身风险	作业人员与带电体应保持足够的安全距离。必要时，采用接地线短接已停电部位与地之间，防止感应电伤人

注　本风险评估表只作为参考，应根据现场实际情况分析处理。

3. 作业过程

作业开始前，工作负责人必须对其他工作班成员进行安全交底，交底的内容包括工作任务、停电范围、带电部位、安全措施及布置、操作注意事项，并对工作班成员进行危险点和相应控制措施的告知。具体作业过程见表 2–7。

表 2–7　　作 业 过 程

作业步骤	作业标准及质量	作业记录
1. 释放断路器能量	弹簧机构：断开断路器操作及储能电源后，合–分一次断路器。 液压机构：打开压力释放阀，将液压释放到 0MPa	
2. 确认分/合闸线圈故障	使用万用表测量分/合闸线圈的电阻在合格范围外，外观有破损	分/合线圈电阻：Ω

续表

作业步骤	作业标准及质量	作业记录
3. 断路器分/合闸线圈备品检查	使用万用表测量分/合闸线圈的电阻在合格范围内，分/合闸线圈外观无破损	分/合线圈电阻：Ω
4. 拆除旧线圈两边的电源线，取下弹簧片	拆除时不能用力拉扯其接线，拆除合闸线圈时其底座、弹簧及垫片等要逐一放好，并清理其上面的污垢 	
5. 取下电磁铁		
6. 更换新线圈	按原来的次序将线圈的弹簧及垫片等逐一回装，线圈固定良好 	
7. 进行手动合/分闸试验	手动合/分闸操作，机构动作顺畅，无卡阻现象	
8. 进行低电压动作试验	分闸线圈最低动作电压不得低于额定电压的30%，不得高于额定电压的65%；合闸线圈最低动作电压不得低于额定电压的85%	

续表

作业步骤	作业标准及质量	作业记录
9. 待运行人员投入合闸及控制电源对断路器进行合/分闸操作	就地及远方合/分闸操作动作正常	
10. 工作现场清理	无任何遗留物，做到工完、料尽、场地清	
11. 填写检修记录	检修记录应真确、齐全、完备	

（三）任务三　SF_6断路器运行巡视与维护检查作业

1. 作业前准备

作业前准备见表 2–8。

表 2–8　　作业前准备

准备项目	准备内容
1. 图样资料	断路器二次控制回路图、断路器使用说明书
2. 安全用具	安全帽三顶；4m 绝缘梯一把
3. 工器具	组合工具一套；手套三副；万用表一只
4. 材料	润滑油若干
5. 办理相关手续	提交停电申请，填写第一种工作票

2. 作业风险评估

作业开始前，应结合设备的运行情况进行风险评估，见表 2–9。并结合实际情况，采取相应的控制措施。

表 2–9　　作业风险评估

作业内容	危害名称	风险种类	风险范畴	风险控制措施
SF_6断路器运行巡视与维护检查作业	液压弹簧能量失控	人员受伤	人身风险	应避开断路器等可动作设备的传动部分，同时确认断路器的储能电源已断开，断路器操动机构能量已释放
	拆、接低压电源	人身触电	人身风险	（1）执行作业流程和规范； （2）接线时做好标记； （3）检修电源应有漏电保护器；电动工具外壳应可靠接地； （4）螺钉旋具等工具金属裸露部分除刀口外包绝缘
	触电	触电	人身风险	作业人员与带电体应保持足够的安全距离。必要时，采用接地线短接已停电部位与地之间，防止感应电伤人

注　本风险评估表只作为参考，应根据现场实际情况分析处理。

3. 作业过程

作业开始前，工作负责人必须对其他工作班成员进行安全交底，交底的内容包括工作任务、停电范围、带电部位、安全措施及布置、操作注意事项，并对工作班成员进行危险点和相应控制措施的告知。具体作业过程见表 2–10。

表 2–10　　　　作　业　过　程

作业项目	作业标准及质量	作业记录
1. SF_6 断路器日常巡视、检查项目（不停电维护项目）	（1）SF_6 密度计观察面清洁，气压指示清晰可见，外观无污物、无损伤痕迹； （2）SF_6 密度计与本体连接可靠，无松动； （3）绝对压力值应在规定范围内	
	断路器分/合闸指示牌应到位，并与断路器机构位置一致，无明显歪斜现象	
	无任何异常的声音和异味	
	瓷套表面应无污垢沉积，无破损伤痕，无闪络痕迹。开展瓷套清洁工作	
	机构箱密封应良好，达到防潮、防尘要求；机构门密封条无破损，有弹性，关门无缝隙	
	加热器功能应正常加热，有温度	
	门灯开门应亮	
	检查断路器机构箱底部是否存在碎片、异物	
	机构传动部件外观正常，无锈蚀现象	
	机构连接螺栓无松动、锈蚀现象	
	引流线应连接可靠，引流线因呈似悬链状自然下垂，三相松弛度应一致	
	二次线应无锈蚀、破损、松脱	
2. 定期进行 SF_6 微水含量检测	用微水测量仪或露点仪从断路器的充气口取气，测量微水含量或露点； 投产后一年一次，如无异常三年一次；交接验收时≤150μL/L 体积比，运行时≤300μL/L 体积比（20℃时）	
3. SF_6 断路器停电维护项目	分、合操作是否正常，有无卡涩现象	
	（1）螺栓应无松动和锈蚀现象； （2）按“常用螺栓力矩”要求对断路器本体及支架连接螺栓进行紧固； （3）表面无明显氧化，紧固力矩：M1 250N・m，M16 180N・m	
	压力报警及闭锁回路应功能正常： （1）SF_6 密度计观察面清洁，气压指示清晰可见，外观无污物、无损伤痕迹； （2）SF_6 密度计与本体连接可靠，无松动； （3）绝对压力值应在 0.64M～0.74MPa 范围内	

续表

作业项目	作业标准及质量	作业记录
3. SF_6 断路器停电维护项目	瓷套表面应无污垢沉积，无破损伤痕，无闪络痕迹。开展瓷套清洁工作	
	对各电气元件功能进行检查，功能正常。并结合机构箱及汇控箱电气元件检查可完成以下试验：断路器二次回路绝缘电阻测试	
	断路器掣子装置应正常，无锈蚀、无松动现象，掣子间隙应正常，并结合掣子装置的检查调整可完成以下试验：① 分、合闸线圈直流电阻；② 分、合闸电磁铁的动作电压；③ 断路器的时间参量	
	分闸缓冲器应无渗漏油及螺栓松动的现象，如果存在渗漏油应对缓冲器进行更换	
	对电动机储能时间进行校核	储能时间：（ ）s
	断路器主回路电阻值的测量	
	对断路器各法兰连接部位及气道连接处进行检漏	
	对机构箱进行清洁，对机构箱各转动部分存在锈蚀的进行除锈处理	

五、项目实施

（1）将学员分为三个小组，每个小组分别对应上述的三个工作任务，要求在实际操作工作前，所有学员必须熟悉上述操作步骤，对危险点进行评估，并采取相应控制措施后方可开始工作。工作中，选定一名工作负责人，负责协调和组织，并在工作工程中认真监护，确保工作的安全。

（2）在三个小组都完成自己的工作任务后，三个小组互相交换工作任务，直到所有任务全部完成，并且确保所有小组成员都能掌握相关操作方法。

（3）待所有学员都完成三个任务的工作后，老师根据学员的表现，分别对每个任务进行任务评价。

六、项目评价

任务一至任务三的项目评价表见表 2-11～表 2-13。

表 2–11　　　　任务一项目评价表

<table>
<tr><td>实施时间</td><td>30min</td><td>项目编码</td><td colspan="2"></td><td>项目总分</td><td>100</td></tr>
<tr><td>实施方式</td><td>实际操作</td><td>实施地点</td><td colspan="2"></td><td>得分汇总</td><td></td></tr>
<tr><td>项目名称</td><td colspan="6">SF₆断路器带电补气作业</td></tr>
<tr><td>需要说明的问题和要求</td><td colspan="6">（1）单人操作、专人监护；
（2）断路器安全措施已完成</td></tr>
<tr><td>工具、材料、设备、场地</td><td colspan="6">提供实际操作场地、SF₆断路器 1 组，组合工具一套，充气接头一套，SF₆检漏仪、SF₆气体一瓶、安全带、安全帽</td></tr>
<tr><td rowspan="10">考核标准</td><td colspan="2">项目步骤（分值）</td><td>质量要求</td><td colspan="2">扣分标准</td><td>得分</td></tr>
<tr><td colspan="5">1. 工作前准备（20 分）</td><td></td></tr>
<tr><td colspan="2">（1）检修前准备（5 分）</td><td>工器具、材料齐全、着装合理</td><td colspan="2">（1）每缺少一件工器具、材料、备品备件影响检修扣 3 分；
（2）着装影响安全扣 1 分；
（3）拿大量无用工具扣 1 分</td><td></td></tr>
<tr><td colspan="2">（2）检修资料准备（5 分）</td><td>设备说明书、运行情况资料、检修报告等</td><td colspan="2">每缺少一件必备的技术资料影响检修扣 1 分</td><td></td></tr>
<tr><td colspan="2">（3）办理工作许可手续（10 分）</td><td>口头正确履行开工手续，核实安全措施</td><td colspan="2">（1）不知道正确履行工作票手续就工作扣 5 分；
（2）不了解工作内容和安全措施扣 3 分；
（3）安全措施叙述不完善扣 2 分</td><td></td></tr>
<tr><td colspan="5">2. 工作过程（65 分）</td><td></td></tr>
<tr><td colspan="2">（1）记录补气前压力（10 分）</td><td>会对照温度—压力表判断是否缺气</td><td colspan="2">（1）不会对照温度—压力表的扣 5 分；
（2）不记录当前压力的扣 5 分</td><td></td></tr>
<tr><td colspan="2">（2）连接气瓶和充气管道等各部件（5 分）</td><td>各部件连接紧密，不得有松动或泄漏</td><td colspan="2">连接不正确扣 5 分</td><td></td></tr>
<tr><td colspan="2">（3）开启瓶阀和减压阀充洗管道和接头（10 分）</td><td>排除管道中空气使管道和接头干燥，注意洗充时间和气流量</td><td colspan="2">不排气扣 5 分</td><td></td></tr>
<tr><td colspan="2">（4）向断路器进行补气（25 分）</td><td>连接紧密，避免空气混入，将气体充至比额定压力高 0.02MPa</td><td colspan="2">（1）管道连接不紧密扣 10 分；
（2）未将气体充至比额定压力高 0.02MPa 扣 10 分；
（3）充气速度过快扣 5 分</td><td></td></tr>
</table>

续表

考核标准	项目步骤（分值）	质量要求	扣分标准	得分
	（5）关闭阀门，卸下充气接头（10分）	检查设备充气阀完好无泄漏，可用检漏仪或肥皂水检测	不检漏扣5分	
	（6）检查处理效果（5分）	记录补气后 SF_6 压力	不检查不记录扣5分	
	3. 工作终结验收（15分）			
	（1）清理现场、文明施工（5分）	做到工完、料净、场地清	（1）不清理现场扣2分； （2）遗留一样工器具或材料扣1分	
	（2）填写检修报告（5分）	齐全、正确	一项不符扣2分	
	（3）办理工作终结手续（5分）	正确口头办理工作终结手续	不办理扣5分	
考评员签字：			日期：	

注 发生重大事故（人身和设备安全事故）、严重违反维修原则和情节严重的野蛮操作等，由指导教师决定是否取消其实际操作资格。

表 2-12　　任务二项目评价表

实施时间	30min	项目编码		项目总分	100
实施方式	实际操作	实施地点		得分汇总	
项目名称	断路器分/合闸线圈更换作业				
需要说明的问题和要求	（1）单人操作、专人监护； （2）断路器安全措施已完成				
工具、材料、设备、场地	提供实际操作场地、SF_6 断路器一组，组合工具一套，分、合闸线圈各一个，万用表一只、安全带、安全帽				
考核标准	项目步骤（分值）	质量要求	扣分标准	得分	
	1. 工作前准备（20分）				
	（1）检修前准备（5分）	工器具、材料齐全、着装合理	（1）每缺少一件工器具、材料、备品备件影响检修扣3分； （2）着装影响安全扣1分； （3）拿大量无用工具扣1分		
	（2）检修资料准备（5分）	设备说明书、运行情况资料、检修报告等	每缺少一件必备的技术资料影响检修扣1分		

续表

	项目步骤（分值）	质量要求	扣分标准	得分
考核标准	（3）办理工作许可手续（10分）	口头正确履行开工手续，核实安全措施	（1）不知道正确履行工作票手续就工作扣5分； （2）不了解工作内容和安全措施扣3分； （3）安全措施叙述不完善扣2分	
	2. 工作过程（65分）			
	（1）释放断路器能量（10分）	断开控制及储能电源，对断路器进行一次合、分操作	不会释放断路器能量扣10分	
	（2）确认分、合闸线圈故障（10分）	使用万用表测量分、合闸线圈的电阻在合格范围外，外观有破损	不会使用万用表扣10分	
	（3）拆除旧线圈（5分）	拆除时不能用力拉扯其接线，拆除合闸线圈时其底座、弹簧及垫片等要逐一放好，并清理其上面的污垢	不清理扣5分	
	（4）更换新线圈（10分）	按原来的次序将线圈的弹簧及垫片等逐一回装，线圈固定良好	（1）不会安装扣10分； （2）安装不正确扣5分	
	（5）进行手动合分闸试验（10分）	手动合分闸操作，机构动作顺畅，无卡阻现象	不进行手动分合扣10分	
	（6）进行低电压动作试验（20分）	了解低电压动作试验合格标准	（1）不会试验扣20分； （2）不知道合格标准扣10分	
	3. 工作终结验收（15分）			
	（1）清理现场、文明施工（5分）	做到工完、料净、场地清	（1）不清理现场扣2分； （2）遗留一样工器具或材料扣1分	
	（2）填写检修报告（5分）	齐全、正确	一项不符扣2分	
	（3）办理工作终结手续（5分）	正确口头办理工作终结手续	不办理扣5分	
考评员签字：			日期：	

注　发生重大事故（人身和设备安全事故）、严重违反维修原则和情节严重的野蛮操作等，由指导教师决定是否取消其实际操作资格。

表 2–13　　　　　　　　任务三项目评价表

<table>
<tr><td>实施时间</td><td>30min</td><td>项目编码</td><td></td><td>项目总分</td><td>100</td></tr>
<tr><td>实施方式</td><td>实际操作</td><td>实施地点</td><td></td><td>得分汇总</td><td></td></tr>
<tr><td>项目名称</td><td colspan="5">SF_6断路器运行巡视与维护检查作业</td></tr>
<tr><td>需要说明的问题和要求</td><td colspan="5">（1）单人操作、专人监护；
（2）断路器安全措施已完成</td></tr>
<tr><td>工具、材料、设备、场地</td><td colspan="5">提供实际操作场地、SF_6断路器一组，组合工具一套，万用表一只、安全带、安全帽、绝缘梯一把</td></tr>
<tr><td rowspan="8">考核标准</td><td>项目步骤（分值）</td><td>质量要求</td><td colspan="2">扣分标准</td><td>得分</td></tr>
<tr><td colspan="4">1. 工作前准备（20 分）</td><td></td></tr>
<tr><td>（1）检修前准备（5 分）</td><td>工器具、材料齐全、着装合理</td><td colspan="2">（1）每缺少一件工器具、材料、备品备件影响检修扣 3 分；
（2）着装影响安全扣 1 分；
（3）拿大量无用工具扣 1 分</td><td></td></tr>
<tr><td>（2）检修资料准备（5 分）</td><td>设备说明书、运行情况资料、检修报告等</td><td colspan="2">每缺少一件必备的技术资料影响检修扣 1 分</td><td></td></tr>
<tr><td>（3）办理工作许可手续（10 分）</td><td>口头正确履行开工手续，核实安全措施</td><td colspan="2">（1）不知道正确履行工作票手续就工作扣 5 分；
（2）不了解工作内容和安全措施扣 3 分；
（3）安全措施叙述不完善扣 2 分</td><td></td></tr>
<tr><td colspan="4">2. 工作过程（65 分）</td><td></td></tr>
<tr><td>（1）SF_6断路器日常巡视、检查项目（不停电维护项目）（25 分）</td><td>（1）检查 SF_6 密度计；
（2）检查断路器分合闸指示牌；
（3）无任何异常的声音和异味；
（4）检查绝缘子表面；
（5）机构箱密封应良好；
（6）加热器功能应正常加热，有温度；
（7）门灯开门应亮；
（8）检查断路器机构箱底部是否存在有碎片、异物；
（9）二次线应无锈蚀、破损、松脱；</td><td colspan="2">每漏检查 1 项扣 3 分</td><td></td></tr>
</table>

续表

<table>
<tr><td rowspan="9">考核标准</td><td>项目步骤（分值）</td><td>质量要求</td><td>扣分标准</td><td>得分</td></tr>
<tr><td>（1）SF_6断路器日常巡视、检查项目（不停电维护项目）（25分）</td><td>（10）机构传动部件外观正常，无锈蚀现象。机构连接螺栓无松动、锈蚀现象；
（11）检查引流线应连接是否可靠</td><td></td><td></td></tr>
<tr><td>（2）定期进行SF_6微水含量检测（10分）</td><td>口头询问微水测量标准</td><td>不知道微水合格范围扣10分</td><td></td></tr>
<tr><td>（3）停电维护项目（30分）</td><td>（1）分、合操作是否正常、有无卡涩现象；
（2）螺栓是应无松动和锈蚀现象；
（3）压力报警及闭锁回路应功能正常；
（4）瓷套表面应无污垢沉积，无破损伤痕，无闪络痕迹。开展瓷套清洁工作；
（5）对各电气元件功能进行检查；
（6）检查分闸缓冲器；
（7）对电动机储能时间进行校核；
（8）对断路器各法兰连接部位及气道连接处进行检漏；
（9）对机构箱进行清洁，对机构箱各转动部分存在锈蚀的进行除锈处理；
（10）对传动部分加润滑油</td><td>每漏1项扣5分</td><td></td></tr>
<tr><td colspan="3">3. 工作终结验收（15分）</td><td></td></tr>
<tr><td>（1）清理现场、文明施工（5分）</td><td>做到工完、料净、场地清</td><td>（1）未清理现场扣2分；
（2）遗留一样工器具或材料扣1分</td><td></td></tr>
<tr><td>（2）填写检修报告（5分）</td><td>齐全、正确</td><td>一项不符扣2分</td><td></td></tr>
<tr><td>（3）办理工作终结手续（5分）</td><td>正确口头办理工作终结手续</td><td>未办理扣5分</td><td></td></tr>
<tr><td colspan="2">考评员签字：</td><td colspan="2">日期：</td></tr>
</table>

注　发生重大事故（人身和设备安全事故）、严重违反维修原则和情节严重的野蛮操作等，由指导教师决定是否取消其实际操作资格。

思 考 题

1. 断路器为什么要进行三相同时接触差（同期）的确定？
2. 断路器线圈的动作电压是如何规定的？为什么不能设定的过高、也不能过低？
3. 为什么要对断路器触头的运动速度进行测量？
4. 结合现场断路器机构，试阐述断路器合、分及储能动作原理？
5. 试查阅资料，说明 SF_6 断路器密度继电器的校验方法、步骤及注意事项。

3. 项目三

真空断路器检修

一、学习目标

1. 知识目标

了解真空断路器的灭弧原理及测量超行程的意义；掌握真空断路器检修时存在的风险及相应的控制措施，掌握真空断路器检修项目、周期、修前准备及质量标准等。掌握高压开关柜的“五防”功能并能判断“五防”功能的好坏。

2. 能力目标

会对 KYN 28–12（VS1）型开关柜进行操作。会对 KYN 28–12（VS1）型开关柜的五防功能进行检查，并判断功能是否正常，会对检修工作中可能存在的安全风险进行分析，并制定相应的控制措施；能对 ZN 28 型真空断路器的灭弧室进行更换，能对 VS1 机构的简单故障进行查找并处理。

二、项目分析

高压真空断路器因其灭弧介质和灭弧后触头间隙的绝缘介质都是高真空而得名；真空断路器其具有体积小、质量轻、适用于频繁操作、灭弧不用检修的优点，在配电网中应用较为普及。

1893 年，美国的里顿豪斯提出了结构简单的真空灭弧室，并获得了设计专利。1920 年瑞典佛加公司第一次制成了真空断路器。1926 年美国索伦森等公布的研究成果也显示了在真空中分断电流的可能性，但因分断能力小，又受到真空技术和真空材料发展水平的限制，尚不能投入实际使用。随着真空技术的发展，50 年代美国才制成第一批适用于切断电容器组等特殊要求的真空断路器，分断电流尚停在 4kA 的水平。由于真空材料冶炼技术上的进步和真空开关触头结构研究上所取得的突破，1961 年，美国通用电气公司开始生产 15kV、分断电流为 12.5kA 的真空断路器。1966 年试制成 15kV、26kA 和 31.5kA 的真空断路器，从而使真空断路器进入了高电压、大容量的电力系统。80 年代中期，真空断路器的分断能力已达 100kA。 中国从 1958 年开始研制真空开关，1960 年西安交通大学和西安开关整流器厂共同研制成第一批 6.7kV、分断能力为 600A 的真空断路器，随后又制成 10kV、分断能力为 1.5kA 的三相真空断路器。1969 年华光电子管厂和西安高压电器研究所制成了 10kV、2kA 单相快速真空断路器。70 年代以后，中国已能独立研制和生产各种规格的真空开关。

随着城市化的电网的不断发展，真空断路器在配网中的应用越来越发普遍，真空断路器的检修维护工作越显重要。真空灭弧室作为一个成熟的技术产品，质量稳定可靠。故真空断路器的故障主要集中在其操动机构上。按照断路器型式不同，采用的操动机构不同。常用的操动机构有弹簧操动机构（VS1 等）、CD10 电磁操动机构、CD17 电磁操动机构、CT19 弹簧储能操动机构、CT8 弹簧储能操动机构、还有近年来兴起的永磁操动机构。

本项目要求在一台中置式小车真空断路器柜上能通过故障现象初步判断出开关柜故障的成因和大概部位，并提出相应的解决方案及工作中可能存在的安全风险及控制措施；在对 ZN 28 型真空断路器灭弧室进行更换时会测量真空灭弧室超行程；能对 VS1 机构中储能故障进行判断和处理；能对 VS1 机构的分闸失灵进行处理。

三、相关知识

（一）高压断路器介绍

1. 用途和结构

断路器在电力系统中起着两方面的作用：一是控制作用，即根据电力系统运行需要，将一部分电力设备或线路投入或退出运行；二是保护作用，即在电力设备或线路发生故障时，通过继电保护装置作用于断路器，将故障部分从电力系统中迅速切除，保证电力系统无故障部分的正常运行。

高压断路器的类型很多，但就其结构来讲，都是由开断元件、支撑绝缘件、传动元件、基座及操动机构五个基本部分组成。开断元件是断路器的核心元件，控制、保护等方面的任务都需由它来完成。其他组成部分都是配合开断元件，为完成上述任务而设置的。

2. 断路器类型及适用场所

断路器按其所采用的灭弧介质，可分为下列几种类型：

（1）油断路器外观如图 3–1 所示。

采用变压器油做灭弧介质的断路器，称为油断路器，如断路器的油还兼做开断后的绝缘和带电部分与接地外壳之间的绝缘介质，称为多油断路器；油仅作为灭弧介质和触头开断后的绝缘介质，而带电部分对地之间的绝缘介质采用瓷或其他介质的，称为少油断路器。主要用在不需频繁操作及不要求高速开断的各级电压电网中。

（2）六氟化硫（SF_6）断路器外观如图 3–2 所示。

图 3–1　油断路器外观示意图

图 3–2　六氟化硫（SF_6）断路器外观示意图

采用具有优良灭弧性能和绝缘性能的 SF_6 气体作为灭弧介质的断路器，称为 SF_6 断路器，在电力系统中广泛应用，适用于频繁操作及要求高速开断的场合。在我国推荐在 7.2～40.5kV 选用 SF_6 断路器，特别是 126kV 以上几乎全部选用 SF_6 断路器。但不适用于高海拔地区。

（3）真空断路器外观如图 3–3 所示。

利用真空的高介质强度来灭弧的断路器，称为真空断路器，现已大量应用在 7.2～40.5kV 电压等级的供（配）电网络上，也主要用于频繁操作及要求高速开断的场合，但在海边地区使用时，应注意防凝露，因为会使断路器灭弧室灭弧能力下降。

目前，在电力系统中主要使用以上三种形式的断路器，而一些旧式断路器，如空气断路器等，已逐步被淘汰。

3. 断路器型号表示方法（GB 标准）

高压断路器的型号是由字母和数字组成，断路器型号表示法如图 3–4 所示。

图 3–3　真空断路器外观示意图

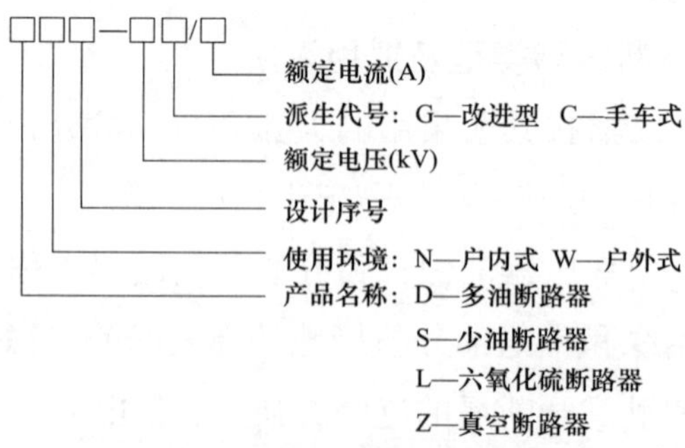

图 3–4　高压断路器的型号表示

（二）真空断路器

1. 真空灭弧室的基本结构

真空灭弧室结构如图 3–5 所示，是真空断路器中最重要的部件。真空灭弧室的外壳是由绝缘筒、两端的金属盖板和波纹管所组成的密封容器。灭弧室内有一对触头，静触头焊接在静导电杆上，动触头焊接在动导电杆上，动导电杆在中部与波纹管的一个断口焊在一起，波纹管的另一端口与动端盖的中孔焊接，动导电杆从中孔穿出外壳。由于波纹管可以在轴向上自由伸缩，故这种结构既能实现在火弧室外带动动触头做分合运动，又能保证真空外壳的密封性。

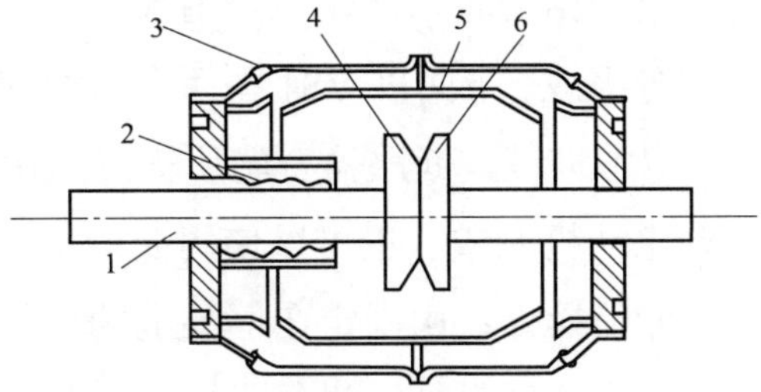

图 3–5　真空灭弧室

1—动触杆；2—波纹管；3—外壳；4—动触头；5—屏蔽罩；6—静触头

2. 真空断路器的灭弧原理

真空灭弧室是用密封在真空中的一对触头来实现电力电路的接通与分断功能的一种电真空器件，是利用高真空作绝缘介质。当其断开一定数值的电流时，动、定触头在分离的瞬间，电流收缩到触头刚分离的某一点或某几点上，表现电极间电阻剧烈增大和温度迅速提高，直至发生电极金属的蒸发，同时形成极高的电场强度，导致剧烈的场致发射和间隙的击穿，产生了真空电弧，当工作电流接近零时，同时触头间距的增大，真空电弧的等离子体很快向四周扩散，电弧电流过零后，触头间隙的介质迅速由导电体变为绝缘体，于是电流被分断，开断结束。

3. 真空灭弧室真空度检测

真空灭弧室管内的真空度通常是在 10^{-4}～10^{-6}Pa，随着真空灭弧室使用时间的增长和开断次数增多，以及受外界因素的作用，其真空度逐步下降，下降到一定程度将会影响它的开断能力和耐压水平。因此，真空断路器在使用过程中必须定期检查灭弧室管内的真空度。目前常用的检查方法有：

（1）对玻璃外壳真空灭弧室，可以定期目测巡视检查，正常时内部的屏蔽罩等部件表面颜色应很明亮，在开断电流时发出浅蓝色弧光。当真空度下降很严重时，内部颜色就会变得灰暗，开断电流时将发出暗红色弧光。

（2）定期（3 年左右）进行一次工频耐压试验（42kV）。当动静触头保持额定开距条件下，如果耐压很低，而且经多次放电后，耐压值仍达不到规定耐压标准，就说明真空灭弧室真空度已严重下降，已不能继续使用。

4. 真空断路器的操动机构

真空断路器采用了成熟的、性能可靠的弹簧储能操动机构，具有电动关合、电动开断、手动储能，手动关合，手动开断和过电流（或短路）自动脱扣开断六种功能。机构由棘轮、凸轮、合闸弹簧、分闸弹簧、手动脱扣连杆、脱扣器、辅助开关等部分组成。下面以 VS1 型手车式真空断路器弹簧操动机构为例，如图 3–6 所示。

（1）储能。断路器合闸所需能量由合闸弹簧储能提供。储能即可由外部电动机驱动电动机完成，也可以使用储能手柄手动完成。

储能操作：由固定在框架上的储能电动机 16 进行，或者将储能手柄插入手动储能孔中逆时针摇动进行。电动储能时由电动机输出轴 15 带动链轮传动系统（14、23、18），手动储能时通过蜗轮，蜗杆（11、13）带动链轮传动系统。链轮 23 转动时，销 2 推动轮 6 上的滑块 4 使储能轴 7 跟随转动并通过拐臂 5 和 21 拉伸合闸弹簧进行储能。到达储能位置时，框架上的限位拉杆 3 压下滑块 4 使储能轴与链轮传动系统脱开，储能保持掣子 9 顶住滚轮 8 保持储能位置，同时储能轴上连板 24 带动储能指示牌 25 翻转显示“已储能”标记，并切换辅助开关切断储能电动机供电电源，此时断路器处于合闸准备状态。

（2）合闸。在合闸操作中，不论用手按下“合闸”按钮或远方操作使合闸电磁铁动作，均可使储能保持轴 19 转动，使掣子 9 松开滚轮 8，合闸弹簧收缩同时通过拐臂 5、21 使储能轴 7 和轴上的凸轮 22 转动，凸轮又驱动连杆机构（34、36、37、38、39）带动绝缘拉杆 33 和动触头进入合闸位置，并压缩触头弹簧 32，保持触头所需接触压力。

合闸动作完成后合闸保持掣子 38 与半轴 41 保持合闸位置，同时储能指示牌、储能辅助开关复位电动机供电回路接通。若外接电源也接通则再次进入储能状态，连杆 44 拉动合/分指示牌，显示出“合”的标记，传动连杆拉动主辅助开关切换。

注：当断路器处于合闸状态或选用闭锁装置而未使用闭锁装置解锁及手车式断路器在推进推出过程中，均不能进行合闸操作。

（3）分闸。实现断路器的分闸，既可按“分闸”按钮，也可靠接通外部电源使分闸脱扣电磁铁或过流脱扣电磁铁动作使合闸保持掣子 38 与半轴 41 解锁而实现分闸操作。由触头弹簧和分闸簧 35 储存的能量是灭弧室 28 动静触头分离。在分闸过程后段，由液压缓冲旗吸收分闸过程剩余能量并限定分闸位置。

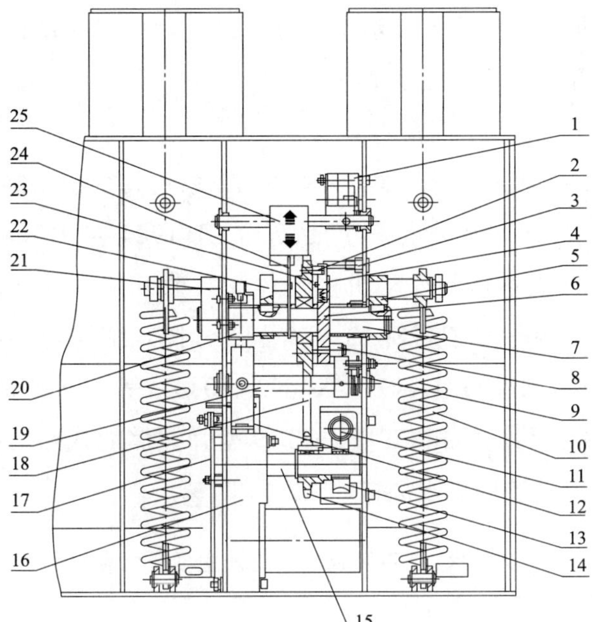

(a)

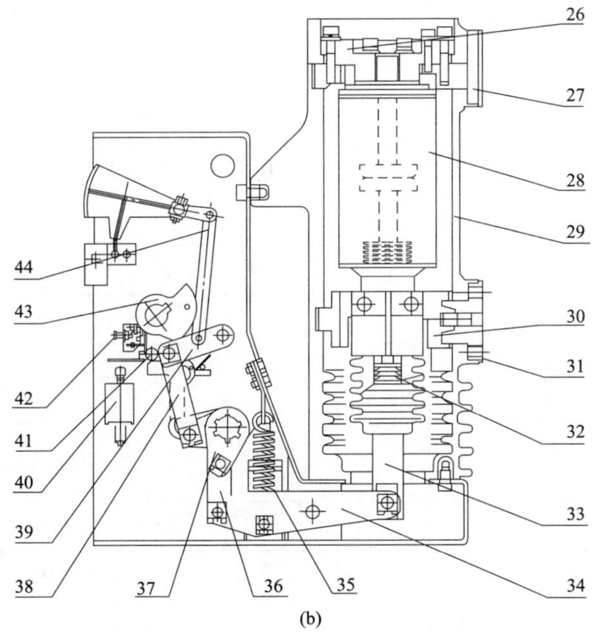

(b)

图 3–6　VS1 弹簧机构正面与侧面

（a）VS1 弹簧机构正面；（b）VS1 弹簧机构侧面

1—储能到位切换用微动开关；2—销；3—限位杆；4—滑块；5—拐臂；6—储能传动轮；7—储能轴；8—滚轮；9—储能保持掣子；10—合闸弹簧；11—手动储能蜗杆；12—合闸电磁铁；13—手动储能传动蜗轮；14—电动机传动链轮；15—电动机输出轴；16—储能电动机 17—联锁传动弯板；18—传动链条；19—储能保持轴；20—闭锁电磁铁；21—拐臂；22—凸轮；23—储能传动链轮；24—连板；25—储能指示牌；26—上支架；27—上出线座；28—真空灭弧室；29—绝缘筒；30—下支架；31—下出线座；32—碟簧；33—绝缘拉杆；34—传动拐臂；35—分闸弹簧；36—传动连板；37—主轴传动拐臂；38—合闸保持掣子；39—连扳；40—分闸电磁铁；41—半轴；42—手动分闸顶杆；43—凸轮；44—分合指示牌连板

由连杆 44 拉动合/分指示牌显示出“分”标记，同时拉动计数器，实现计数器计数，由传动连杆拉动主辅助开关切换。

5. 各种类型高压真空断路器

（1）ZN 28–12 系列真空断路器。ZN 28–12 系列真空断路器为额定电压 12kV，三相交流 50Hz 的高压户内开关设备。产品符合 GB 1984—2014《高压交流断路器》，该产品总体结构为开关本体与操动机构一体安装或开关本体与操动机构分离安装两种形式。一体式结构即为 ZN 28–12 基本型；分体式结构为 ZN 28A–12 型，适应于各种固定式开关柜，如 GG–1A（Z）、XGN2A10（Z）等。该产品可配用 CD 17A、CD 10A 型直流电磁操动机构和 CT17、CT19 型弹簧储能式操动机构。ZN28–12 系列真空断路器主要技术参数见表 3–1。

表 3–1　ZN 28–12 系列真空断路器主要技术参数

<table>
<tr><th rowspan="2">序号</th><th rowspan="2" colspan="2">名　称</th><th rowspan="2">单位</th><th colspan="4">数　据</th></tr>
<tr><th>20kA</th><th>25kA</th><th>31.5kA</th><th>40kA</th></tr>
<tr><td>1</td><td colspan="2">额定电压</td><td>kV</td><td colspan="4">12</td></tr>
<tr><td>2</td><td colspan="2">额定电流</td><td>A</td><td>630，100，1250</td><td>1250，1600</td><td>1250，1600，2000，2500</td><td>1600，2500，3150</td></tr>
<tr><td>3</td><td colspan="2">额定短路开断电流</td><td>kA</td><td>20</td><td>25</td><td>31.5</td><td>40</td></tr>
<tr><td>4</td><td colspan="2">额定短路开合电流（峰值）</td><td>kA</td><td>50</td><td>63</td><td>80</td><td>100</td></tr>
<tr><td>5</td><td colspan="2">额定峰值耐受电流</td><td>kA</td><td>50</td><td>63</td><td>80</td><td>100</td></tr>
<tr><td>6</td><td colspan="2">4S 额定短时耐受电流</td><td>kA</td><td>20</td><td>25</td><td>31.5</td><td>40</td></tr>
<tr><td rowspan="2">7</td><td rowspan="2">额定绝缘水平</td><td>工频耐压（额定开断前后）</td><td rowspan="2">kV</td><td colspan="4">42（断口 48）</td></tr>
<tr><td>冲击耐压（额定开断前后）</td><td colspan="4">75（断口 84）</td></tr>
<tr><td>8</td><td colspan="2">额定操作顺序</td><td></td><td colspan="4">分–0.5S–合分–180S–合分</td></tr>
<tr><td>9</td><td colspan="2">机械寿命</td><td>次</td><td colspan="4">10 000</td></tr>
<tr><td>10</td><td colspan="2">额定短路开断电流开断次数</td><td>次</td><td colspan="3">30</td><td>20</td></tr>
<tr><td>11</td><td colspan="2">操动机构额定合闸电压（直流）</td><td>V</td><td colspan="2">110，220</td><td colspan="2">220</td></tr>
<tr><td>12</td><td colspan="2">操动机构额定合闸电流（直流）</td><td>A</td><td colspan="3">71</td><td>128</td></tr>
<tr><td>13</td><td colspan="2">操动机构额定分闸电压（直流）</td><td>V</td><td colspan="4">110，220</td></tr>
</table>

续表

<table>
<tr><td rowspan="2">序号</td><td colspan="2" rowspan="2">名　称</td><td rowspan="2">单位</td><td colspan="4">数据</td></tr>
<tr><td>20kA</td><td>25kA</td><td>31.5kA</td><td>40kA</td></tr>
<tr><td>14</td><td colspan="2">操动机构额定分闸电流（直流）</td><td>A</td><td colspan="4">3.0，1.5</td></tr>
<tr><td>15</td><td colspan="2">触头开距</td><td>mm</td><td colspan="4">11±1</td></tr>
<tr><td>16</td><td colspan="2">超行程（触头弹簧压缩长度）</td><td>mm</td><td colspan="4">4±1</td></tr>
<tr><td>17</td><td colspan="2">三相分、合闸不同期性</td><td>ms</td><td colspan="4">≤2</td></tr>
<tr><td>18</td><td colspan="2">触头合闸弹跳时间</td><td>ms</td><td colspan="4">≤2</td></tr>
<tr><td>19</td><td colspan="2">平均分闸速度（不包括油缓冲器）</td><td>m/s</td><td colspan="4">1.2±0.3</td></tr>
<tr><td>20</td><td colspan="2">平均合闸速度</td><td>m/s</td><td colspan="4">0.6±0.2</td></tr>
<tr><td rowspan="2">21</td><td rowspan="2">分闸时间</td><td>最高操作电压下</td><td rowspan="2">s</td><td colspan="4">≤0.06</td></tr>
<tr><td>最低操作电压下</td><td colspan="4">≤0.08</td></tr>
<tr><td>22</td><td colspan="2">合闸时间</td><td>s</td><td colspan="4">≤0.2</td></tr>
<tr><td>23</td><td colspan="2">各相主回路电阻</td><td>μΩ</td><td colspan="3">≤40</td><td>≤20</td></tr>
<tr><td>24</td><td colspan="2">动静触头允许摩擦累积厚度</td><td>mm</td><td colspan="4">3</td></tr>
<tr><td>25</td><td colspan="2">油缓冲器缓冲行程</td><td>mm</td><td colspan="4">10</td></tr>
</table>

（2）ZN 63 系列真空断路器。ZN63（VS1）系列真空断路器适用在以空气为绝缘的户内式开关，用于交流 50Hz、额定电压 12kV 及以下的电网中起控制和保护作用，真空断路器在频繁操作和需要开断短路电流的场合下具有极为优良的性能，完全满足自动重合闸的要求，并具有高的可靠性操作与使用寿命。

断路器在开关柜内的安装形式可以是固定式，也可以是安装于手车，可安装于 KYN28、KYN96 型开关柜或配套于其他铠装中置柜；可提供额定电流为 630A、1600A 的固定封极柱真空断路器；可安装于 650mm、800mm 柜宽的开关柜；ZN63 真空断路器符合 CB、IEC 和 DL 标准和规范；GB/T 11022—2011（IEC 60694）《高压开关设备和控制设备标准的共同技术条件》；GB 1984—2014、DL/T 403—2000《12kV–40.5kV 高压真空断路器订货技术条件》、JB/T 3855—2008《高压交流真空断路器》。ZN63 系列真空断路器主要技术参数见表 3–2。

表 3–2 **ZN63 系列真空断路器主要技术参数**

<table>
<tr><th rowspan="2">序号</th><th colspan="2" rowspan="2">项　目</th><th rowspan="2">单位</th><th colspan="3">数据</th></tr>
<tr><th>31.5kA</th><th>40kA</th><th>50kA</th></tr>
<tr><td>1</td><td colspan="2">额定电压</td><td>kV</td><td colspan="3">12</td></tr>
<tr><td>2</td><td colspan="2">最高工作电压</td><td>kV</td><td colspan="3">12</td></tr>
<tr><td>3</td><td colspan="2">额定电流</td><td>A</td><td>1250，1600
2000，2500</td><td>1250，1600
2500，3150</td><td>1250，2500
3150</td></tr>
<tr><td>4</td><td colspan="2">额定短路开断电流</td><td>kA</td><td>31.5</td><td>40</td><td>50</td></tr>
<tr><td>5</td><td colspan="2">额定短路开合电流（峰值）</td><td>kA</td><td>80</td><td>100</td><td>125</td></tr>
<tr><td>6</td><td colspan="2">额定峰值耐受电流</td><td>kA</td><td>80</td><td>100</td><td>125</td></tr>
<tr><td>7</td><td colspan="2">4S 额定短时耐受电流</td><td>kA</td><td>31.5</td><td>40</td><td>50</td></tr>
<tr><td rowspan="2">8</td><td rowspan="2">额定绝缘水平</td><td>工频耐压（额定开断前后）</td><td rowspan="2">kV</td><td colspan="3">42（断口 48）</td></tr>
<tr><td>冲击耐压（额定开断前后）</td><td colspan="3">75（断口 84）</td></tr>
<tr><td>9</td><td colspan="2">额定操作顺序</td><td></td><td colspan="3">分–0.3S–合分–180S–合分</td></tr>
<tr><td>10</td><td colspan="2">机械寿命</td><td>次</td><td colspan="3">10000</td></tr>
<tr><td>11</td><td colspan="2">额定短路开断电流开断次数</td><td>次</td><td colspan="3">50</td></tr>
<tr><td>12</td><td colspan="2">操动机构额定合闸电压（直流）</td><td>V</td><td colspan="3">110，220</td></tr>
<tr><td>13</td><td colspan="2">操动机构额定分闸电流（直流）</td><td>V</td><td colspan="3">110，220</td></tr>
<tr><td>14</td><td colspan="2">触头开柜</td><td>mm</td><td colspan="3">11±1</td></tr>
<tr><td>15</td><td colspan="2">超行程（触头弹簧压缩长度）</td><td>mm</td><td colspan="3">4±0.5</td></tr>
<tr><td>16</td><td colspan="2">三相分、合闸不同期性</td><td>ms</td><td colspan="3">≤2</td></tr>
<tr><td>17</td><td colspan="2">触头合闸弹跳时间</td><td>ms</td><td colspan="3">≤2</td></tr>
<tr><td>18</td><td colspan="2">平均分闸速度</td><td>m/s</td><td colspan="3">0.9～1.2</td></tr>
<tr><td>19</td><td colspan="2">平均合闸速度</td><td>m/s</td><td colspan="3">0.6～0.8</td></tr>
<tr><td rowspan="2">20</td><td rowspan="2">分闸时间</td><td>最高操作电压下</td><td rowspan="2">s</td><td colspan="3">≤0.05</td></tr>
<tr><td>最低操作电压下</td><td colspan="3">≤0.08</td></tr>
<tr><td>21</td><td colspan="2">合闸时间</td><td>s</td><td colspan="3">≤0.1</td></tr>
<tr><td>22</td><td colspan="2">各相主回路电阻</td><td>μΩ</td><td colspan="3">≤40</td></tr>
<tr><td>23</td><td colspan="2">动静触头允许磨损累计厚度</td><td>mm</td><td colspan="3">3</td></tr>
</table>

6. 真空断路器的机械参数

（1）开距。触头的开距主要取决于真空断路器的额定电压和耐压要求，一般额定电压低时触头开距选得小些。但开距太小会影响分断能力和耐压水平。开距太大，虽然可以提高耐压水平，但会使真空灭弧室的波纹管寿命下降。设计时一般在满足运行的耐压要求下尽量把开距选得小一些。10kV 真空断路器的开距通常在 8～12mm，35kV 的则在 30～40mm。

（2）接触压力。在无外力作用时，动触头在大气压作用下，对内腔产生一个闭合力使其与静触头闭合，称之为自闭力，其大小取决于波纹管的端口直径。灭弧室在工作状态时，这个力太小不能保证动静触头间良好的电接触，必须施加一个外加压力。这个外加压力和自闭力之和称为触头的接触压力。这个接触压力有如下几个作用：

1）保证动、静触头的良好接触，并使其接触电阻少于规定值。

2）满足额定短路状态时的动稳定要求。应使触头压力大于额定短路状态时的触头间的斥力，以保证在该状态下的完全闭合和不受损坏。

3）抑制合闸弹跳。使触头在闭会碰撞时得以缓冲，把碰撞的动能转为弹兴的势能，抑制触头的弹跳。

4）为分闸提供一个加速力。当接触压力大时，动触头得到较大的分闸力，容易拉断合闸熔焊点，提高分闸初始的加速度，减少燃弧时间，提高分断能力。触头接触压力是一个很重要的参数，在产品的初始设计中要经过多次验证、试验才选取得比较合适。若触头压力选得太小，满足不了上述各方面的要求；但触头压力太大，一方面需要增大合闸操作功，另外灭弧室和整机的机械强度要求也需要提高，技术上不经济。

（3）接触行程。真空断路器毫无例外地采用对接式接触方式。动触头碰上静触头之后就不能再前进了，触头接触压力是由每极触头压缩弹簧（有时称为合闸缓冲弹簧）提供的。所谓接触行程，就是开关触头碰触开始，触头压簧施力端继续运动至终结的距离，亦即触头弹簧的压缩距离，故又称压缩行程。

接触行程有两方面作用，一是令触头弹簧受压而向对接触头提供接触压力；二是保证在运行磨损后仍然保持一定的接触压力，使之可靠接触。一般接触行程可取开距的 20%～30%，10kV 的真空断路器为 3～4mm。

真空断路器的实际结构中，触头合闸弹簧设计成即使处于分闸位置，也有相当的预压缩量，有预压力。这是为使合闸过程中，当动触头尚未碰到静触头而发生预击穿时，动触头有相当力量抵抗电动力，而不至于向后退缩；当触头碰接瞬间，接触压力陡然跃增至预压力数值，防止合闸弹跳，足以抵抗电动斥力，并使接触初始就有良好状态；随着接触行程的前进，触头间的接触压力逐步增大，接触行程终结时，接触压力达到设计值。接触行程不包括合闸弹簧的预压缩量程，它实际上是合闸弹簧的第二次受压行程。

（4）合闸速度。平均合闸速度主要影响触头的电磨蚀。若合闸速度太低，则预击穿时间长，电弧存在的时间长，触头表面电磨损大，甚至使触头熔焊而粘住，降低灭弧室的电寿命。但速度太高，容易产生合闸弹跳，操动机构输出功也要增大，对灭弧室和整机机械冲击大，影响产品的使用可靠性与机械寿命。平均合闸速度通常取 0.6m/s 左右为宜。

（5）分闸速度。断路器的分闸速度一般而言速度越快越好，这样可以使首开相在电流趋近于 0 前 2～3ms 时能开断故障电流；否则首开相不能开断而延续至下一相，原来首开相变为后开相，燃弧时间加长了，增加了开断的难度，甚至使开断失败。但分闸速度太快，分闸的反弹也大，反弹太大、振动过剧亦容易产生重燃，所以分间速度亦应考虑这方面因素。分闸速度的快慢，主要取决于合闸时动触头弹簧和分闸弹簧的储能大小。为了提高分闸速度，可以增加分闸弹簧的储能量，也可以增加合闸弹簧的压缩量，这都必然需要提高操动机构的输出功和整机的机械强度，降低技术经济指标。经过多年试验认为，10kV 的真空断路器，平均分闸速度能保证在 0.95～1.2m/s 比较合适。

（6）弹跳时间。合闸弹跳时间是断路器在合闸时，触头刚接触开始计起，随后产生分离，可能又接触又分离，到其稳定接触之间的时间。

这一参数国外的标准中都没有明确规定，1989 年底能源部电力司提出真空断路器合闸弹跳时间必须小于 2ms。为什么合闸弹跳时间要小于 2ms 呢？主要是合闸弹跳的瞬间会引起电力系统或设备产生 LC 高频振荡，振荡产生的过电压对电气设备的绝缘可能造成伤害甚至损坏。当合闸弹跳时间小于 2ms 时，不会产生较大的过电压，设备绝缘不会受损，在关合时动静触头之间也不会产生熔焊。

合闸的不同期性太大容易引起合闸的弹跳，因为机构输出的运动冲量仅由首合闸相触头承受。分闸的不同期性太大可能使后开相管子燃弧时间加长，降低开断能力。

合闸与分闸的不同期性一般是同时存在的，所以调好了合闸的不同期性，分闸的不同期性也就有了保证。产品中要求合分闸不同期性小于 2ms。

分、合闸时间是指从操动线圈的端子得电时刻计起，至三极触头全部合上或分离止的一段时间间隔。

合、分闸线圈是按短时工作制作设计的，合闸线圈的通电时间不到 100ms，分闸线圈的通电时间不到 60ms。分、合闸时间一般在断路器出厂时已调好，无需再动。

当断路器用在发电系统并在电源近端短路时，故障电流衰减较慢，若分闸时间很短，这时断路器分断的故障电流就可能含有较大的直流分量，开断条件更为恶劣，这对断路器的开断是很不利的。所以用于发电系统的真空断路器，其分闸时间尽可能设计长些为宜。

（7）回路电阻。回路电阻值是表征导电回路连接是否良好的一个参数，各类型产品都规定了一定范围内的值。若回路电阻超过规定值时，很可能是导电回路某一连接处接触不良。在大电流运行时接触不良处的局部温升增高，严重时甚至引起恶性循环造成氧化烧损，对用于大电流运行的断路器尤需加倍注意。回路电阻测量，不允许采用电桥法测量，须采用 DL/T 845.4—2004《电阻测量装置通用技术条件　第 4 部分：回路电阻测试仪》规定的直流压降法。

（8）超行程。超程是断路器动静触头接触以后机构继续动作的行程，是断路器为了保证合闸的可靠性及触头磨损情况下能够继续可靠合闸。它的目的是保证触头压力，减小触头电阻。一般由与绝缘拉杆相连的触头弹簧来提供。因为：① 在动静触头不断分合后，触头会有磨损；② 带负载分合后，触头会有烧损；③ 上下触头通电后会有电动斥力，必须有触头弹簧保证触头压力。调节超程的目的就是为了满足解决以上问题。

（三）真空断路器常见故障处理

1. 真空度降低

（1）故障现象。真空断路器在真空泡内开断电流并进行灭弧，而真空断路器本身没有定性、定量监测真空度特性的装置，所以真空度降低故障为隐性故障，其危险程度远远大于显性故障。

（2）原因分析。真空度降低的主要原因有以下几点：

1） 真空泡的材质或制作工艺存在问题，真空泡本身存在微小漏点；

2） 真空泡内波形管的材质或制作工艺存在问题，多次操作后出现漏点；

3） 分体式真空断路器，如使用电磁式操动机构的真空断路器，在操作时，由于操作连杆的距离比较大，直接影响开关的同期、弹跳、超行程等特性，使真空度降低的速度加快。

（3）故障危害。真空度降低将严重影响真空断路器开断过电流的能力，并导致断路器的使用寿命急剧下降，严重时会引起开关爆炸。

（4）处理方法。

1）在进行断路器定期停电检修时，必须使用真空测试仪对真空泡进行真空度的定性测试，确保真空泡具有一定的真空度；

2）当真空度降低时，必须更换真空泡，并做好行程、同期、弹跳等特性试验。

（5）预防措施。

1）选用真空断路器时，必须选用信誉良好的厂家所生产的成熟产品；

2）选用本体与操动机构一体的真空断路器；

3）运行人员巡视时，应注意断路器真空泡外部是否有放电现象，若存在放电现象，则真空泡的真空度测试结果基本上为不合格，应及时停电更换；

4）检修人员进行停电检修工作时，必须进行同期、弹跳、行程、超行程等特性测试，以确保断路器处于良好的工作状态。

2. 分闸失灵

（1）故障现象。根据故障原因的不同，存在如下故障现象：

1）断路器远方遥控分闸分不下来；

2）就地手动分闸分不下来；

3）事故时继电保护动作，但断路器分不下来。

（2）原因分析。

1）分闸操作回路断线；

2）分闸线圈断线；

3）操作电源电压降低；

4）分闸线圈电阻增加，分闸力降低；

5）分闸顶杆变形，分闸时存在卡涩现象，分闸力降低；

6）分闸顶杆变形严重，分闸时卡死。

（3）故障危害。如果分闸失灵发生在事故时，将会导致事故越级，扩大事故范围。

（4）处理方法。

1）检查分闸回路是否断线；

2）检查分闸线圈是否断线；

3）测量分闸线圈电阻值是否合格；

4）检查分闸顶杆是否变形；

5）检查操作电压是否正常；

6）改铜质分闸顶杆为钢质，以避免变形。

（5）预防措施。运行人员若发现分合闸指示灯不亮，应及时检查分合闸回路是否断线；检修人员在停电检修时应注意测量分闸线圈的电阻，检查分闸顶杆是否变形；如果分闸顶杆的材质为铜质应更换为钢质；必须进行低电压分合闸试验，以保证断路器性能可靠。

3. 弹簧操动机构合闸储能回路故障

（1）故障现象。

1）合闸后无法实现分闸操作；

2）储能电动机运转不停止，甚至导致电动机线圈过热损坏。

（2）原因分析。

1）行程开关安装位置偏下，致使合闸弹簧尚未储能完毕，行程开关触点已经转换完毕，切断了电动机电源，弹簧所储能量不够分闸操作；

2）行程开关安装位置偏上，致使合闸弹簧储能完毕后，行程开关触点还没有得到转换，储能电动机仍处于工作状态；

3）行程开关损坏，储能电动机不能停止运转。

（3）故障危害。在合闸储能不到位的情况下，若线路发生事故，而断路器拒分闸，将会导致事故越级，扩大事故范围；如储能电动机损坏，则真空开关无法实现分合闸。

（4）处理方法

1）调整行程开关位置，实现电动机准确断电；

2）如行程开关损坏，应及时更换。

（5）预防措施。运行人员在倒闸操作时，应注意观察合闸储能指示灯，以判断合闸储能情况；检修人员在检修工作结束后，应就地进行两次分合闸操作，以确定断路器处于良好状态。

（四）高压开关柜

高压开关柜（high-voltage switchgear）是按一定的线路方案将有关一、二次设备组装在一起而成的一种高压成套配电装置，在发电厂和变配电所中作为控制和保护发电机、变压器和高压线路之用，也可作为大型高压交流电动机的起动和保护之用，其中安装有高压开关设备、保护电器、监测仪表和母线、绝缘子等。

从 20 世纪 80 年代以来，我国设计生产了一些符合 IEC 标准的新型高压开关柜，如 KGN□–10（F）等型固定式金属铠装开关柜、XGN 型箱式固定式开关柜、KYN□–10（F）等型移开式金属铠装开关柜、JYN□–10（F）型等移开式金属封闭间隔型开关柜和 HXGN 型等环网柜等。其中环网柜适用于 10kV 环形电网中，在城市电网中得到了广泛应用。

1. 高压开关柜型号含义

（1）老系列的高压开关柜全型号的表示和含义如图 3–7 所示。

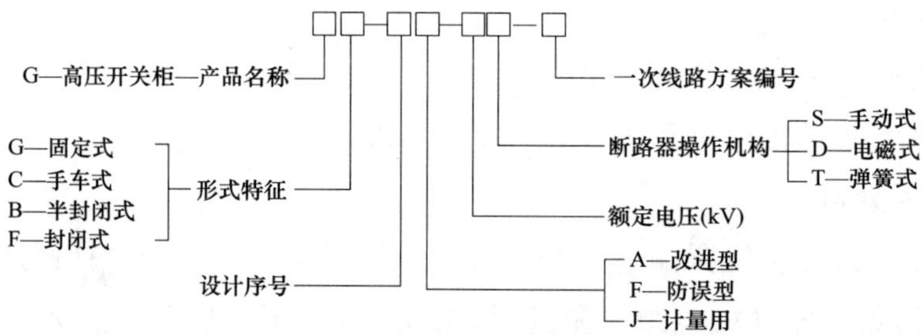

图 3–7　老系列高压开关柜型号表示

（2）新系列的高压开关柜全型号的表示和含义如图 3–8 所示。

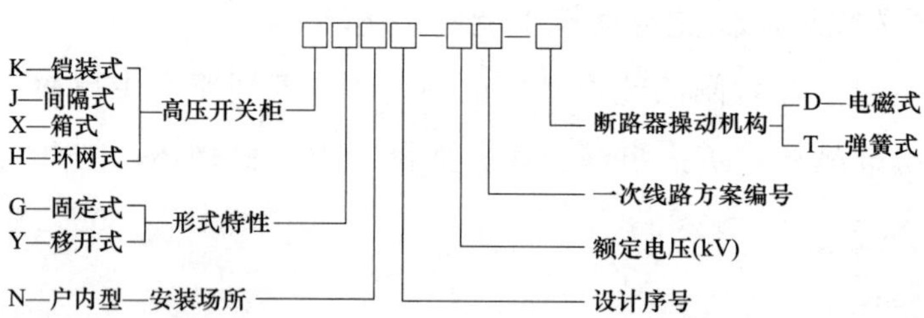

图 3–8　新系列高压开关柜型号表示

2. 高压开关柜的“五防”连锁功能

（1）什么是“五防”联锁。开关柜具备“五防”功能，即防断路器合闸状态下误拉、误推入手车；防误入带电间隔；防带电挂合接地线（接地开关）；防带接地线（接地开关）合断路器（隔离开关）；防带负荷抽插一次隔离开关触头。

（2）“五防”连锁具体介绍。断路器小车与接地开关之间采用可靠的机械联锁，即断路器在运行（工作）位置，接地开关不能合闸，断路器只有在试验位置或隔离位置，接地开关才能进行合闸、分闸；当接地开关在合闸状态时，断路器手车不能由试验位置移向工作位置；断路器小车在工作位置时，二次插头不能拔出。

断路器在工作位置（或试验位置），处于合闸状态时，断路器小车不能推入或拉出。断路器只有分闸状态，小车才能移动，手车处于试验和工作位置之间的任一位置，断路器均不能合闸。

为防止误入带电间隔，柜内正面和背面装有三只指示对应三相电缆头带电的显示装置。柜的背板全部为螺钉紧固，板上设有防爆的透明观察窗，便于运行人员监视电缆头的运行情况。观察窗作为外壳的一部分，具有同外壳同等的强度。

小车的二次回路插头未接通时，如断路器小车推至工作位置，不能进行合闸操作。

断路器、控制开关、隔离开关及操作箱和控制屏的门等均有扣锁装置，每种型式的锁匙最少三把。

四、方法与步骤

真空断路器的 ZN 28 型真空灭弧室更换、储能电动机更换、一般部件（分/合闸线圈、行程开关等）的更换是进行真空断路器运行维护的基本要求。为了让学生能够掌握真空断路器的日常运行维护，具备相应的技能水平，本次真空断路器的检修与维护项目特设计三个实际操作工作任务，分别是：① ZN 28 型真空断路器真空灭弧室更换作业；② VS1（ZN 63）型真空断路器弹簧操动机构分闸线圈更换作业；③ VS1（ZN 63）型真空断路器弹簧操动机构合闸线圈更换。

（一）任务一　ZN28 型真空断路器真空灭弧室更换作业

1. 作业前准备

作业前准备工作见表 3–3。

表 3–3　　作 业 前 准 备

准备项目	准　备　内　容
1. 图纸资料	相关图样和技术文件
2. 安全用具	安全帽三顶
3. 工器具	组合工具一套；手套三副；游标卡尺一副；套筒扳手一套
4. 材料	ZN28 型断路器一台，备品备件、消耗性材料
5. 办理相关手续	提交停电申请，填写第一种工作票

2. 作业风险评估

作业开始前，应结合设备的运行情况进行风险评估，见表3–4。并结合实际情况，采取相应的控制措施。

表3–4　　作业风险评估

作业内容	危害名称	风险种类	风险范畴	风险控制措施
ZN28型真空断路器真空灭弧室更换作业	光线不合理	碰撞	人身风险	（1）工作中发现开关柜内未装工作照明或照明灯已坏的情况时，立即汇报值班员协调解决； （2）工作班组配带应急照明灯具
	作业空间狭小	夹伤	人身风险	（1）工作前穿戴好防护衣帽； （2）必要时拆出其他柜内配件以扩大工作空间； （3）工作人员工作中互相关心、监护和提醒
	误碰带电设备	触电	人身风险	作业人员与带电体应保持足够的安全距离。必要时，采用接地线短接已停电部位与地之间，防止感应电伤人
	不明确的工作范围	触电	人身风险	（1）工作负责人严格履行工作许可手续，确认停电范围； （2）工作负责人认真核对设备名称和编号
	遗留在开关柜内的工器具	设备烧损	设备风险	（1）对工器具进行定置摆放； （2）结束工作前工作负责人按工具箱清册对工具进行清点，并对工作现场再次进行检查

注　本风险评估表只作为参考，应根据现场实际情况分析处理。

3. 作业过程

作业开始前，工作负责人必须对其他工作班成员进行安全交底，交底的内容包括工作任务、停电范围、带电部位、安全措施及布置、操作注意事项，并对工作班成员进行危险点和相应控制措施的告知。具体作业过程见表3–5。

表3–5　　作业过程

作业步骤	作业标准及质量	作业记录
1. 释放断路器储能弹簧能量	弹簧机构：断开断路器操作及储能电源后，合–分一次断路器。 电磁机构：断开控制二次电源空气开关，取下合闸熔断器	
2. 拆下绝缘拉杆		

续表

作业步骤	作业标准及质量	作业记录
3. 测量动触头位置原始尺寸	当绝缘拉杆与真空断路器销子脱落后，应对动触头的位置尺寸进行测量。触头开距在断路器分、合闸位置，用 0.02mm 游标卡尺或深度尺分别测量各相导杆上端面至导向板之间的距离（分、合闸状态应在同一位置测量）两次数据的差值即为触头开距 $H=H_1-H_2$	（ ）mm
4. 按步骤分别拆除导向板、拐臂、导电夹紧螺栓等	在拆除过程中切忌使用蛮力，生拉硬拽。在拆除导电夹时可用大号一字起插入导电夹槽，使其扩张后轻松取出	
5. 取下故障灭弧室	双手握住灭弧室向上提起即可取下	
6. 装入新灭弧室	安装新真空灭弧室以前，必须将其导电接触面擦拭干净或砂光，接触面上不许涂油，可涂上中性凡士林	
7. 按拆卸的相反顺序安装导电夹及固定螺栓	装配后的真空灭弧室，其动导电杆必须予以精心调整，使其保持在灭弧室的中间位置，以保证在分、合闸过程中不致擦碰灭弧室。调整尺寸与更换前相同。注意三相上出线座的垂直位置和水平位置相差不应超过 1mm，特别注意紧固好导电夹的螺钉	
8. 确认检查	安装试验合格后，必须不带负荷进行数十次合、分闸操作，只有确认无误后，才能投入运行	
9. 工作现场清理	无任何遗留物，做到工完、料尽、场地清	
10. 填写检修记录	检修记录应真确、齐全、完备	

（二）任务二　VS1（ZN 63）型真空断路器弹簧操动机构分闸线圈更换作业

1. 作业前准备

作业前准备工作见表 3–6。

表 3–6　　作 业 前 准 备

准备项目	准　备　内　容
1. 图样资料	断路器二次控制回路图
2. 安全用具	安全帽三顶
3. 工器具	组合工具一套；手套三副；万用表一只
4. 材料	分/合闸线圈各一个，绝缘胶带一卷
5. 办理相关手续	提交停电申请，填写第一种工作票

2. 作业风险评估

作业开始前，应结合设备的运行情况进行风险评估，见表 3–7。并结合实际情况，采取相应的控制措施。

表 3–7　　作 业 风 险 评 估

作业内容	危害名称	风险种类	风险范畴	风险控制措施
VS1（ZN63）型真空断路器弹簧操动机构分闸线圈更换作业	储能的断路器机构	打击或剪切	人身风险	在工作前由工作负责人和监护人相互监督提醒断开断路器的二次控制电源，并将机构能量释放
	二次线接错	设备损坏	设备风险	（1）执行作业流程和规范； （2）合理安排胜任人员，接线时做好标记； （3）进行现场作业监护
	触电	触电	人身风险	作业人员与带电体应保持足够的安全距离。必要时，采用接地线短接已停电部位与地之间，防止感应电伤人
	遗留在开关柜内的工器具	设备烧损	设备风险	（1）对工器具进行定置摆放； （2）结束工作前工作负责人按工具箱清册对工具进行清点，并对工作现场再次进行检查

注　本风险评估表只作为参考，应根据现场实际情况分析处理。

3. 作业过程

作业开始前，工作负责人必须对其他工作班成员进行安全交底，交底的内容包括工作任务、停电范围、带电部位、安全措施及布置、操作注意事项，并对工作班成员进行危险点和相应控制措施的告知。具体作业过程见表 3–8。

表 3–8　　作 业 过 程

作业步骤	作业标准及质量	作业记录
1. 释放断路器能量	弹簧机构：断开断路器操作及储能电源后，合–分一次断路器	
2. 确认分闸线圈故障	使用万用表测量分/合闸线圈的电阻在合格范围外，外观有破损	分/合线圈电阻：Ω
3. 真空断路器分闸线圈备品检查	使用万用表测量分/合闸线圈的电阻在合格范围内，分/合闸线圈外观无破损	分/合线圈电阻：Ω
4. 拆除旧线圈	拆除时不能用力拉扯其接线，拆除合闸线圈时其底座、弹簧及垫片等要逐一放好，并清理其上面的污垢	
5. 更换新线圈	按原来的次序将线圈的弹簧及垫片等逐一回装，线圈固定良好	
6. 进行手动合/分闸试验	手动合/分闸操作，机构动作顺畅，无卡阻现象	

续表

作业步骤	作业标准及质量	作业记录
7. 进行低电压动作试验	分闸线圈最低动作电压不得低于额定电压的30%，不得高于额定电压的65%；合闸线圈最低动作电压不得低于额定电压的85%	
8. 待运行人员投入合闸及控制电源对开关进行合分闸操作	就地及远方合分闸操作动作正常	
9. 工作现场清理	无任何遗留物，做到工完、料尽、场地清	
10. 填写检修记录	检修记录应真确、齐全、完备	

（三）任务三 VS1（ZN 63）型真空断路器弹簧操动机构合闸线圈更换作业

1. 作业前准备

作业前准备工作见表3–9。

表3–9　　作 业 前 准 备

准备项目	准 备 内 容
1. 图样资料	断路器二次控制回路图
2. 安全用具	安全帽三顶
3. 工器具	组合工具一套；手套三副；万用表一只
4. 材料	分/合闸线圈各一个，绝缘胶带一卷
5. 办理相关手续	提交停电申请，填写第一种工作票

2. 作业风险评估

作业开始前，应结合设备的运行情况，进行风险评估，见表3–10。并结合实际情况，采取相应的控制措施。

表3–10　　作 业 风 险 评 估

作业内容	危害名称	风险种类	风险范畴	风险控制措施
VS1（ZN 63）型真空断路器弹簧操动机构合闸线圈更换作业	储能的断路器机构	打击或剪切	人身风险	在工作前由工作负责人和监护人相互监督提醒断开断路器的二次控制电源，并将机构能量释放
	二次线接错	设备损坏	设备风险	（1）执行作业流程和规范； （2）合理安排胜任人员，接线时做好标记； （3）进行现场作业监护

续表

作业内容	危害名称	风险种类	风险范畴	风险控制措施
VS1（ZN 63）型弹簧扣去机构真空断路器合闸线圈更换作业	触电	触电	人身风险	作业人员与带电体应保持足够的安全距离。必要时，采用接地线短接已停电部位与地之间，防止感应电伤人
	遗留在开关柜内的工器具	设备烧损	设备风险	（1）对工器具进行定置摆放； （2）结束工作前工作负责人按工具箱清册对工具进行清点，并对工作现场再次进行检查

注　本风险评估表只作为参考，应根据现场实际情况分析处理。

3. 作业过程

作业开始前，工作负责人必须对其他工作班成员进行安全交底，交底的内容包括工作任务、停电范围、带电部位、安全措施及布置、操作注意事项，并对工作班成员进行危险点和相应控制措施的告知。具体作业过程见表3–11。

表3–11　　作　业　过　程

作业步骤	作业标准及质量	作业记录
1. 释放断路器能量	弹簧机构：断开断路器操作及储能电源后，合–分一次断路器	
2. 确认合闸线圈故障	使用万用表测量分/合闸线圈的电阻在合格范围外，外观有破损	分/合线圈电阻：Ω
3. 断路器合闸线圈备品检查	使用万用表测量分/合闸线圈的电阻在合格范围内，分、合闸线圈外观无破损	分/合线圈电阻：Ω
4. 拆除旧线圈	拆除时不能用力拉扯其接线，拆除合闸线圈时其底座、弹簧及垫片等要逐一放好，并清理其上面的污垢	
5. 更换新线圈	按原来的次序将线圈的弹簧及垫片等逐一回装，线圈固定良好	
6. 进行手动合/分闸试验	手动合/分闸操作，机构动作顺畅，无卡阻现象	
7. 进行低电压动作试验	分闸线圈最低动作电压不得低于额定电压的30%，不得高于额定电压的65%；合闸线圈最低动作电压不得低于额定电压的85%	
8. 待运行人员投入合闸及控制电源对开关进行合分闸操作	就地及远方合分闸操作动作正常	
9. 工作现场清理	无任何遗留物，做到工完、料尽、场地清	
10. 填写检修记录	检修记录应真确、齐全、完备	

五、项目实施

（1）将学员分为三个小组，每个小组分别对应上述的三个工作任务，要求在实际操作工作前，所有学员必须熟悉上述操作步骤，对危险点进行评估，并采取相应控制措施后方可开始工作。工作中，选定一名工作负责人，负责协调和组织，并在工作工程中认真监护，确保工作的安全。

（2）在三个小组都完成自己的工作任务后，三个小组互相交换工作任务，直到所有任务全部完成，并且确保所有小组成员都能掌握相关操作方法。

（3）待所有学员都完成三个任务的工作后，老师根据学员的表现，分别对每个任务进行任务评价。

六、项目评价

任务一至任务三的项目评价表分别见表 3–12～表 3–14。

表 3–12　　　任务一项目评价表

<table>
<tr><td>实施时间</td><td>60min</td><td>项目编码</td><td></td><td>项目总分</td><td>100</td></tr>
<tr><td>实施方式</td><td>实际操作</td><td>实施地点</td><td></td><td>得分汇总</td><td></td></tr>
<tr><td>项目名称</td><td colspan="5">ZN28 型真空断路器真空灭弧室更换作业</td></tr>
<tr><td>需要说明的问题及要求</td><td colspan="5">（1）现场检修设备应做好安全措施；
（2）配合人员一名；
（3）口头办理工作票</td></tr>
<tr><td>工器具、材料、设备场地</td><td colspan="5">提供实际操作场地、ZN28 断路器一台，检修电工工具，备品备件、消耗性材料、量具</td></tr>
<tr><td rowspan="5">考核标准</td><td>项目步骤（分值）</td><td>质量要求</td><td colspan="2">扣分标准</td><td>得分</td></tr>
<tr><td>1. 检修前准备（5 分）</td><td>工器具、材料齐全、着装合理</td><td colspan="2">每缺少一件工器具、材料、备品备件影响检修扣 3 分，着装影响安全扣 1 分</td><td></td></tr>
<tr><td>2. 检修资料准备（5 分）</td><td>设备说明书、运行情况资料、检修报告等</td><td colspan="2">每缺少一件必备的技术资料影响检修扣 1 分</td><td></td></tr>
<tr><td>3. 办理工作许可手续（5 分）</td><td>口头正确履行开工手续，核实安全措施</td><td colspan="2">不知道正确履行工作票手续就工作扣 5 分，不了解工作内容和安全措施扣 2 分</td><td></td></tr>
<tr><td>4. 开工前检查及准备：工、器具摆放整齐（2 分）</td><td>整洁、不杂乱</td><td colspan="2">不整洁、杂乱扣 2 分</td><td></td></tr>
</table>

续表

	项目步骤（分值）	质量要求	扣分标准	得分
考核标准	5. 原始尺寸的测量（10 分）	当绝缘拉杆与真空断路器销子脱落后，应对动触头的位置尺寸进行测量	不会使用游标卡尺扣 5 分，不进行测量扣 5 分	
	6. 对真空泡进行拆卸（5 分）	按照拆卸顺序依次整齐摆放	未按顺序摆放扣 3 分，摆放凌乱扣 2 分	
	7. 工具的使用（6 分）	使用合适的工具进行作业	用非锤击螺钉旋具进行冲销扣 2 分，用活动扳手进行敲击扣 2 分，用除游标卡尺其他量具进行尺测量扣 2 分	
	8. 对更换的真空泡进行初步的真空检查（5 分）	用手拉动真空泡的动触头部分，应感觉拉开很费力，触头能在不用力的情况下迅速合闸	未进行检查扣 5 分	
	9. 对真空泡进行回装（32 分）	应能顺利地将真空泡进行回装	不能回装完毕扣 32 分；各部分螺栓若不紧固，发现一处，扣 2 分	
	10. 动触头传动部分尺寸的测量（5 分）	动触头传动部分装配时，其长度应与原始尺寸一致	未按尺寸进行装配扣 5 分	
	11. 动触头开距的测量（5 分）	组装完毕的断路器测量其开距	不会测量扣 5 分	
	12. 清理现场、文明施工（5 分）	做到工完、料净、场地清	未清理现场扣 2 分，遗留一样工器具或材料扣 1 分	
	13. 填写检修记录（5 分）	齐全、正确	填写错误、不齐全扣 2 分	
	14. 办理工作终结手续（5 分）	正确口头办理工作终结手续	未办理工作终结手续扣 2 分，未向监考人员交待检修情况扣 2 分	
考评员签字：			考评时间：	

注 发生重大事故（人身和设备安全事故）、严重违反维修原则和情节严重的野蛮操作等，由指导教师决定是否取消其实际操作资格。

表 3–13　　任务二项目评价表

实施时间	60min	项目编码		项目总分	100
实施方式	实际操作	实施地点		得分汇总	
项目名称	VS1（ZN 63）型真空断路器弹簧操动机构分闸线圈更换作业				
需要说明的问题及要求	（1）现场检修设备应做好安全措施； （2）配合人员一名； （3）口头办理工作票				

续表

<table>
<tr><td>实施时间</td><td>60min</td><td colspan="2">项目编码</td><td colspan="2"></td><td>项目总分</td><td colspan="2">100</td></tr>
<tr><td>实施方式</td><td>实际操作</td><td colspan="2">实施地点</td><td colspan="2"></td><td>得分汇总</td><td colspan="2"></td></tr>
<tr><td>工器具、材料、设备场地</td><td colspan="8">提供实际操作场地，KYN 28 型开关柜一套，检修电工工具，备品备件、消耗性材料、量具</td></tr>
<tr><td rowspan="11">考核标准</td><td colspan="2">项目步骤（分值）</td><td colspan="2">质量标准</td><td colspan="3">扣分标准</td><td>得分</td></tr>
<tr><td colspan="2">1. 检修前准备（5分）</td><td colspan="2">工器具、材料齐全、着装合理</td><td colspan="3">每缺少一件工器具、材料、备品备件影响检修扣 3 分，着装影响安全扣 1 分</td><td></td></tr>
<tr><td colspan="2">2. 检修资料准备（5 分）</td><td colspan="2">设备说明书、运行情况资料、检修报告等</td><td colspan="3">每缺少一件必备的技术资料影响检修扣 1 分</td><td></td></tr>
<tr><td colspan="2">3. 办理工作许可手续（5 分）</td><td colspan="2">口头正确履行开工手续，核实安全措施</td><td colspan="3">不知道正确履行工作票手续就工作扣 5 分，不了解工作内容和安全措施扣 2 分</td><td></td></tr>
<tr><td colspan="2">4. 开工前检查及准备（12 分）：
（1）工、器具摆放整齐；
（2）弹簧能量应进行释放；
（3）断路器在分位</td><td colspan="2">整洁、不杂乱；
应释放；
断路器在分位</td><td colspan="3">不整洁、杂乱扣 2 分，
不释放合闸能量进行缺陷处理扣 5 分，断路器不在分位进行缺陷处理扣 5 分</td><td></td></tr>
<tr><td colspan="2">5. 进行手动、电动分闸（8 分）</td><td colspan="2">会进行手动、电动分闸操作</td><td colspan="3">不会进行手动分闸操作扣 5 分，不会进行电动分闸操作操 3 分</td><td></td></tr>
<tr><td colspan="2">6. 根据手动、电动分闸情况判断出主要是机械故障、还是电气故障（10 分）</td><td colspan="2">先进行手动分闸，检查分闸构件的动作情况</td><td colspan="3">不能判断出是机械或电气部分故障扣 10 分</td><td></td></tr>
<tr><td colspan="2">7. 故障处理（40 分）</td><td colspan="2">针对手动、电动分闸的情况进行故障查找</td><td colspan="3">未查出故障扣 20 分，查出故障点但未处理好扣 20 分</td><td></td></tr>
<tr><td colspan="2">8. 清理现场、文明施工（5 分）</td><td colspan="2">做到工完、料净、场地清</td><td colspan="3">不清理现场扣 2 分，遗留一样工器具或材料扣 1 分</td><td></td></tr>
<tr><td colspan="2">9. 填写检修记录（5 分）</td><td colspan="2">齐全、正确</td><td colspan="3">填写错误、不齐全扣 2 分</td><td></td></tr>
<tr><td colspan="2">10. 办理工作终结手续（5 分）</td><td colspan="2">正确口头办理工作终结手续</td><td colspan="3">不办理工作终结手续扣 2 分，未向监考人员交待检修情况扣 2 分</td><td></td></tr>
<tr><td colspan="6">考评员签字：</td><td colspan="3">考评时间：</td></tr>
</table>

注 发生重大事故（人身和设备安全事故）、严重违反维修原则和情节严重的野蛮操作等，由指导教师决定是否取消其实际操作资格。

表 3–14　　**任务三项目评价表**

<table>
<tr><td>实施时间</td><td>60min</td><td>项目编码</td><td colspan="2"></td><td>项目总分</td><td>100</td></tr>
<tr><td>实施方式</td><td>实际操作</td><td>实施地点</td><td colspan="2"></td><td>得分汇总</td><td></td></tr>
<tr><td>项目名称</td><td colspan="6">VS1（ZN 63）型真空断路器弹簧操动机构合闸线圈更换作业</td></tr>
<tr><td>需要说明的问题及要求</td><td colspan="6">（1）现场检修设备应做好安全措施；
（2）配合人员一名；
（3）口头办理工作票</td></tr>
<tr><td>工器具、材料、设备场地</td><td colspan="6">提供实际操作场地，KYN 28 型开关柜一套，检修电工工具，备品备件、消耗性材料、量具</td></tr>
<tr><td rowspan="11">考核标准</td><td colspan="2">项目步骤（分值）</td><td>质量标准</td><td colspan="2">扣分标准</td><td>得分</td></tr>
<tr><td colspan="2">1. 检修前准备（5分）</td><td>工器具、材料齐全、着装合理</td><td colspan="2">每缺少一件工器具、材料、备品备件影响检修扣 3 分，着装影响安全扣 1 分</td><td></td></tr>
<tr><td colspan="2">2. 检修资料准备（5 分）</td><td>设备说明书、运行情况资料、检修报告等</td><td colspan="2">每缺少一件必备的技术资料影响检修扣 1 分</td><td></td></tr>
<tr><td colspan="2">3. 办理工作许可手续（5 分）</td><td>口头正确履行开工手续，核实安全措施</td><td colspan="2">不知道正确履行工作票手续就工作扣 5 分，不了解工作内容和安全措施扣 2 分</td><td></td></tr>
<tr><td colspan="2">4. 开工前检查及准备（12 分）：
（1）工、器具摆放整齐；
（2）弹簧能量应进行释放；
（3）断路器在分位</td><td>整洁、不杂乱；
应释放；
断路器在分位</td><td colspan="2">不整洁、杂乱扣 2 分，不释放合闸能量进行缺陷处理扣 5 分，断路器不在分位进行缺陷处理扣 5 分</td><td></td></tr>
<tr><td colspan="2">5. 进行手动、电动合闸（8 分）</td><td>会进行手动、电动分闸操作</td><td colspan="2">不会进行手动合闸闸操作扣 5 分，不会进行电动合闸操作操 3 分</td><td></td></tr>
<tr><td colspan="2">6. 根据手动、电动合闸情况判断出主要是机械故障、还是电气故障（10 分）</td><td>先进行手动合闸，检查分闸构件的动作情况</td><td colspan="2">不能判断出是机械或电气部分故障扣 10 分</td><td></td></tr>
<tr><td colspan="2">7. 故障处理（40 分）</td><td>针对手动、电动合闸的情况进行故障查找</td><td colspan="2">未查出故障扣 20 分，查出故障点但未处理好扣 20 分</td><td></td></tr>
<tr><td colspan="2">8. 清理现场、文明施工（5 分）</td><td>做到工完、料净、场地清</td><td colspan="2">不清理现场扣 2 分，遗留一样工器具或材料扣 1 分</td><td></td></tr>
<tr><td colspan="2">9. 填写检修记录（5 分）</td><td>齐全、正确</td><td colspan="2">填写错误、不齐全扣 2 分</td><td></td></tr>
<tr><td colspan="2">10. 办理工作终结手续（5 分）</td><td>正确口头办理工作终结手续</td><td colspan="2">不办理工作终结手续扣 2 分，未向监考人员交待检修情况扣 2 分</td><td></td></tr>
<tr><td colspan="4">考评员签字：</td><td colspan="3">考评时间：</td></tr>
</table>

注　发生重大事故（人身和设备安全事故）、严重违反维修原则和情节严重的野蛮操作等，由指导教师决定是否取消其实际操作资格。

思考题

1. 通过阅读课外书籍了解真空度得检查除了工频耐压法，观察法外还有几种方法？

2. 试说明弹跳对断路器的危害。

3. 合闸回路中的防跳回路有何意义？

4. 查阅相关资料，试说明真空断路器永磁机构的工作原理。

4. 项目四

GW4 型隔离开关检修

一、学习目标

1. 知识目标

（1）了解隔离开关在电力系统中的作用；

（2）了解隔离开关各参数的意义及如何选择隔离开关；

（3）掌握隔离开关的检修周期、项目、需使用的检修材料及质量标准。

2. 能力目标

（1）会对检修隔离开关时可能遇到的风险进行风险分析，并制定相应的控制措施；

（2）能对 GW4–110 型隔离开关的导电系统进行分解检修；

（3）能对 GW4–110 型隔离开关的三项不同期进行调整。

二、项目分析

隔离开关是高压开关电器中使用最多的一种电器，顾名思义，是在电路中起隔离作用的。它本身的工作原理及结构比较简单，但是由于使用量大，工作可靠性要求高，对变电所、电厂的设计、建立和安全运行的影响均较大。隔离开关的主要特点是无灭弧能力，只能在没有负荷电流的情况下分、合电路。

本项目要求通过对 GW4–110 型隔离开关导电系统的分解检修，了解隔离开关的发热原因和处理方法；能对 GW4–110 型隔离开关三相不同期故障进行处理，并通过对隔离开关三相不同期的调整了解隔离开关三相同期的重要性。

三、相关知识

（一）隔离开关介绍

1. 基本介绍

隔离开关（disconnector）即在分位置时，触头间有符合规定要求的绝缘距离和明显的断开标志；在合位置时，能承载正常回路条件下的电流及在规定时间内异常条件（如短路）下的电流的开关设备。

我们所说的隔离开关（俗称“刀闸”），一般指的是高压隔离开关，即额定电压在 1kV 及以上的隔离开关，通常简称为隔离开关，是高压开关电器中使用最多的一种电器，它本身的工作原理及结构比较简单，但是由于使用量大，工作可靠性要求高，对变电所、电厂的设计、建立和安全运行的影响均较大。隔离开关的主要特点是无灭弧能力，只能在没有负荷电流的情况下分、合电路。隔离开关用于各级电压，用作改变电路连接或使线路或设备与电源隔离，它没有断流能力，只能再用其他设备将线路断开后再操作。一般带有防止断路器带负荷时误操作的联锁装置，有时需要销子来防止在大的故障的磁力作用下断开开关。

2. 隔离开关用途

（1）隔离开关实现电气隔离（隔离电源）有明显可见、足够大的断开点，确保运行和检修的安全。

（2）隔离开关没有灭弧室，所以不能用来直接连通、切断负荷电流和短路电流。但运行经验证明，隔离开关可用来开闭电压互感器、避雷器、母线和直接与母线相连设备的电容电流，亦可用来开断励磁电流不超过 2A 的空载变压器和电容电流不超过 5A 的空载线路，即有压无载。其主要用途是保证电路中的检修部分与带电体之间的隔离及用隔离开关进行电路的切换工作或关合空载电路。

隔离开关拉闸前，必须在断路器切断电路之后才能进行，再拉隔离开关；合闸前，先合隔离开关再用断路器接通电路。

3. 隔离开关的类型

隔离开关主要是根据装设地点、电压等级、极数和构造进行分类的，隔离开关有以下几种类型：

（1）按装设地点分为户内式和户外式两种。

（2）按极数分为单极和三极两种。

（3）按支柱数目分为单柱式、双柱式、三柱式三种。

（4）按刀闸动作方式分为闸刀式、旋转式、插入式三种。

（5）按所配备的操动机构分为手动、电动、启动、液压四种。

隔离开关的型号表示方式如图 4–1 所示。

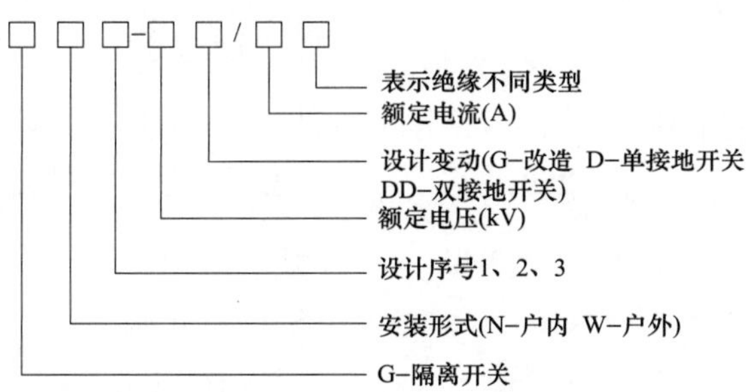

图 4–1　隔离开关型号表示

例如，图 4–2 为 GW5 型隔离开关的型号表示。

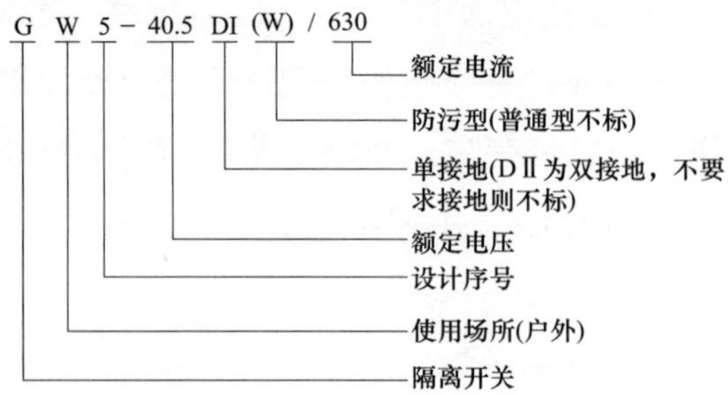

图 4–2　GW5 型隔离开关

（二）隔离开关的结构

1. 隔离开关的组成部分

隔离开关主要由以下几部分组成。

（1）支持底座。该部分是起支持固定作用，其将导电部分、绝缘子、传动机构、操动机构等固定为一体，并使其便于固定在基础上。

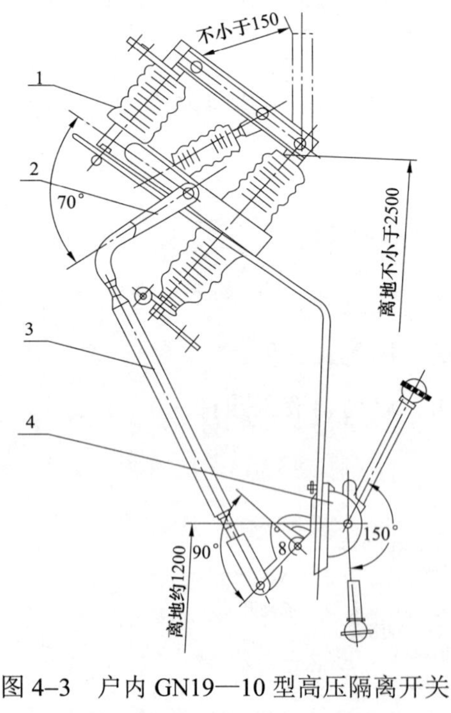

图 4–3　户内 GN19—10 型高压隔离开关
1—隔离开关；2—拐臂；3—连杆；
4—GS6–1 型操动机构

（2）导电部分。包括触头、刀闸、接线座。该部分的作用是传导电路中的电流。

（3）绝缘子。包括支持绝缘子、操作绝缘子。其作用是将带电部分和接地部分绝缘开来，避免电路中的电流接地。

（4）传动机构。传动机构的作用是接受操动机构的力矩，并通过拐臂、连杆、轴齿或是操作绝缘子，将运动传动给触头，以便完成闸刀的分、合闸动作。

（5）操动机构。与断路器的操动机构一样，通过手动、电动、气动、液压向隔离开关的动作提供能源。

2. 隔离开关的结构

（1）户内 GN19 型隔离开关，其结构如图 4–3 所示。

GN19 型隔离开关的每一相导电部分

通过两个支柱绝缘子固定在底架上，三相平行安装，导电部分由触刀、静触头、触座（或导电杆）组成。每一相触刀中间均连有拉杆绝缘子，拉杆绝缘子与安装在底架上的主轴连接。主轴通过手柄与连杆和 CS6–1 型手力操动机构相连在一起联动。

触刀由两片槽型铜板组成，它不仅增大了触刀散热面积对降低温度有利，而且提高了触刀的机械强度，使隔离开关的动热稳定性提高，触刀一端通过（销轴）安装在触座上（或导电杆上）。另一端与静触头相连，而触刀的接触压力通过两端的弹簧来维持。

（2）户外 GW4 型隔离开关。GW4 系列隔离开关如图 4–4 所示，其为 GW4–126 IIDW 型双柱式隔离开关的一极，由底座、绝缘支柱及导电部分组成。每极有两个实心棒式绝缘支柱，分别装在底座两端的轴承座上，用交叉连杆链接，可以水平转动。导电刀闸分成两段，分别固定在两个绝缘支柱的顶端。触头接触的地方在两个绝缘支柱的正中位置，指型触头上装有防护罩，用于防雨、雪及灰尘。

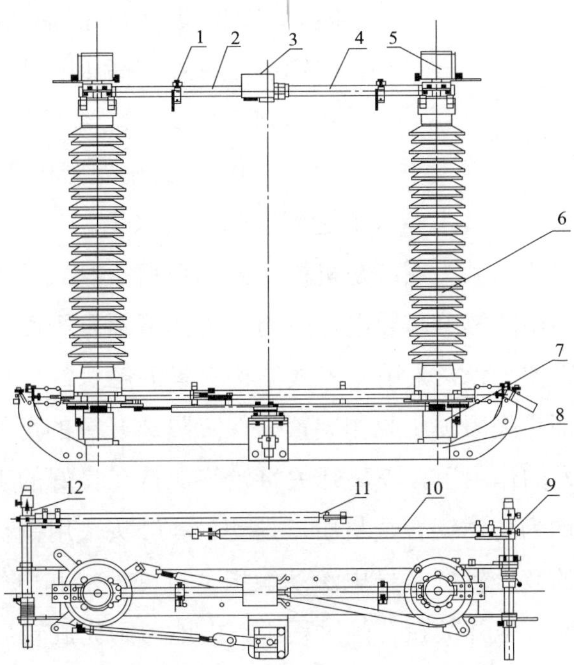

图 4–4　GW4–126 ⅡDW 型单极主相隔离开关

1—接地开关静触头；2—触指导电杆；3—不锈钢防雨罩；4—圆轴导电杆；5—软连接接线座；6—绝缘支柱；7—轴承座；8—安装底架；9—右接地开关部件；10—接地开关钢管；11—接地开关动触头；12—左接地开关部件

操作时，操动机构的交叉连杆带动两个绝缘支柱向相反的方向转动 90°，隔离开关便断开或闭合。为使引出线不随支柱的转动而扭曲，在刀闸与出线接线端子之间装有挠性连接的导体。

GW4 型隔离开关可配用手动、电动或气动操动机构，三相联动操作，电动、气动操动机构可实现远方控制。根据需要还可配装接地开关。该型号隔离开关结构简单紧凑，尺寸小，质量轻，广泛用于 10～110kV 配电装置中。由于刀闸在水平面内转动，因而对相间距离要求大是其不足之处。

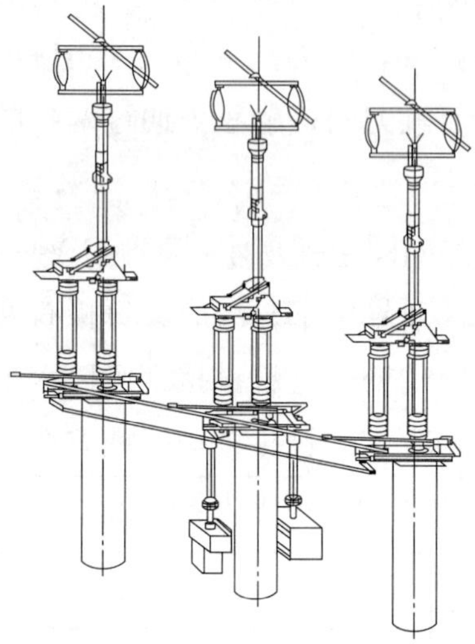

图 4–5　GW16–252DW 型户外高压隔离开关

（3）GW16/17–252DW 型户外高压隔离开关如图 4–5 所示。该型隔离开关是引进国外技术生产的，供 50Hz 高压线路在无载流情况下切换线路，对被检修的电器设备与带电设备进行电器隔离的三极户外高压电器。该隔离开关设计新颖、结构独特，具有优良的电气和机械性能，以及良好的抗腐蚀、抗地震性能。GW16/17–252 型高压隔离开关满足（GB 1985—2014）《高压交流隔离开关和接地开关》和（IEC 129：1984《交流隔离和接地开关》）与相关标准的要求。在结构和主要技术参数上达到国际先进水平。

该高压隔离开关的动触头系统是机械手式的单臂折叠式。传动部件密封在导电管内部，不受外界环境的影响。导电管内的平衡弹簧用来平衡主刀闸的重力矩，使分、合闸动作十分轻便平稳，采用钳夹式结构夹紧静触头导电杆，夹紧力由导电管内的夹紧弹簧来保证。采用顶压脱扣装置来保障隔离开关的可靠合闸，在风力、地震力、电动力等外力的作用下，隔离开关将始终保持在良好的工作状态。主刀闸和接地刀闸的导线管均为防锈铝合金材质，且动、静触头采用铜材镀银，转动关节部位有耐磨性能优良的复合轴套及导电滚动触指，机械性能和电气性能非常稳定。

该隔离开关所附接地开关在合闸过程中，接地刀闸先旋转后竖直向上插入静触头，避免了触头弹跳，合闸非常可靠，并且有与主刀闸相同的动、热稳定电流值。其中 GW16 型为垂直隔离断口，GW17 型为水平隔离断口。

该系列高压隔离开关主刀闸由 CJ7A 型电动机构做三极联动操作，所配接地刀闸由 CSA 或 CSB 型手力机构做三极联动操作。

3. 高压隔离开关的操作

（1）隔离开关操作的一般规定。

1）隔离开关操作前应检查断路器、相应接地开关确已拉开并分闸到位，确认送电范围内接地线已拆除。

2）隔离开关电动操动机构操作电压应在额定电压的85%～110%。

3）手动合隔离开关应迅速、果断，但合闸终了时不可用力过猛。合闸后应检查动、静触头是否合闸到位，接触是否良好。

4）手动分隔离开关开始时，应慢而谨慎；当动触头刚离开静触头时，应迅速，拉开后检查动、静触头断开情况。

5）隔离开关在操作过程中，如有卡滞、动触头不能插入静触头、合闸不到位等现象时，应停止操作，待缺陷消除后再继续进行。

6）在操作隔离开关过程中，要特别注意若瓷瓶有断裂等异常时应迅速撤离现场，防止人身受伤。对GW6、GW16型等隔离开关，合闸操作完毕后，应仔细检查操动机构上、下拐臂是否均已越过死点位置。

7）电动操作的隔离开关正常运行时，其操作电源应断开。

8）操作带有闭锁装置的隔离开关时，应按闭锁装置的使用规定进行，不得随便动用解锁钥匙或破坏闭锁装置。

（2）严禁用隔离开关进行下列操作:

1）带负荷分、合操作；

2）配电线路的停送电操作；

3）雷电时，拉合避雷器；

4）系统有接地（中性点不接地系统）或电压互感器内部故障时，拉合电压互感器；

5）系统有接地时，拉合消弧线圈。

（三）高压隔离开关的主要性能参数

（1）额定电压（kV）。指高压隔离开关最高工作电压，是线电压，也表示其承受绝缘支撑的强度。

（2）额定电流（A）。是指隔离开关在40℃时最大工作承载电流。

（3）额定短路时耐受电流（热稳定，kA/s）。是指高压隔离开关触头在流过短路电流时，在3～4s内所抗拒短路电流造成的热熔焊而不被损坏的能力。

（4）额定峰值耐受电流（动稳定，kA）。是指高压隔离开关在承受短路时，短路电流所造成的斥动力而不发生损坏的能力。

例如，GW4–126VI 型高压隔离开关技术参数见表 4–1。

表 4–1　GW4–126VI 型高压隔离开关技术参数

项目	参数
额定电压（kV）	126
额定电流（A）	630、1250、2000
1min 工频耐压（有效值）（kV）	对地：230：断口：230（+70）
雷电冲击耐压（1.2/50）峰值（kV）	对地：550：断口：550（+100）
主刀闸额定短时耐受（热稳定）电流（3s）（kA）	25、31.5、40
主刀闸额定峰值耐受（动稳定）电流（kA）	63、80、100
接地刀闸额定短时耐受（热稳定）电流（3s）（kA）	25、31.5、40
接地刀闸额定峰值耐受（动稳定）电流（kA）	63、80、100
主刀闸回路电阻（μΩ）	≤220、≤150、≤100
接地端子静态机械负荷：（纵向/横向/垂直）（N）	1000/750/1000
机械操作寿命（次）	＞2000
电动机额定电压（V）	AC380
电动机控制回路额定电压（V）	AC220

（5）回路接触电阻（μΩ）。是指高压隔离开关导电回路中各电接触形式下的导电性能，是检验及设计、制造工艺装配的技术能力。

影响回路接触电阻的因素在高压电器（包括隔离开关、断路器）中，能够影响回路接触电阻或对导电性能有所制约的因素有以下几方面：

1）材质因素。各种材质均有不同的导电阻率。电阻率越低越有利于导电；反之，则不利于导电。常用于高压电器导电材料（电阻率=$10^{-6}\Omega/m$）有：银（0.016）、铝（0.029）、铜（0.017）、锡（0.113）、镍（0.053）、镍铜合金（0.06）、镍银合金（0.037）等。

2）电接触形式。就是高压电器导流回路各部位的接触形式。可分为点接触、线接触、面接触三种形式。三种形式下所产生的接触电阻是不同的，一般来说，点接触面即点最小（少），收缩电阻最大，则接触电阻大；面接触即点最大（多），收缩电阻最小，则接触电阻小；线接触面即点适中，故接触电阻在两者之间。

3）接触电压力。各接触形成下的压力大小直接将改变点、线、面接触电阻效果，有试验表明，三种形式铜触头接触电阻 R_C 与压力 F 的关系见表 4–2。

表 4–2　　三种形式铜触头接触电阻 R_C 与压力 F 的关系

接触形式	F=10N	F=1000N
点接触	230μΩ	23μΩ
线接触	330μΩ	15μΩ
面接触	1900μΩ	1μΩ

这说明一定的压力将改变一定形式下电接触的接触电阻。也就是说，电接触形式的采用，应结合压强能否配置到位，否则单一的加大接触面或强调电接触某种形式是不够的。

4）接触面（表面）的工艺情况。各电接触形式下的导流接触面称为工作面，这一工作表面加工（工艺）精与粗，也有着相关制约接触电阻大小的因素，有试验表明不同加工精度下的接触电阻与压力关系见表 4–3。

表 4–3　　不同加工精度下的接触电阻与压力关系

加工方式	F=10N	F=1000N
机加工（粗）	430μΩ	4μΩ
机加工（精）	340μΩ	3μΩ
研精加工	1900μΩ	1μΩ
研精加工、加涂油	2800μΩ	6μΩ

这说明单纯的过细、精加工对降低接触电阻并不有利，要结合压力、压强的配置进行参考。

以上四个因素是对高压电器电接触形式下解决接触回路电阻技术的工艺行动指南，是检修技术得以提高和科学发展的理论指导。

（四）隔离开关检修

1. 高压隔离开关检修内容

（1）解体性检修。这是大修形式。在大修中是对设备全方位、各部件的检查检修，对易损件进行更换或工艺修复。例如，导电部分的触头触指，弹簧进行标准检修，有烧蚀情况或较重的均应更换；对转动部分的轴承进行解体清洗、测量、调试，以保证其运动灵活；对限位、闭锁装置进行检查检测，失去功能作用的部件要更换；对机构内部变速装置进行清扫、检查；对各连接传动杆件，轴销孔的配置进行清理、打磨、注油；对基架强度、传承焊接的强度进行检查；对绝缘瓶（柱）进行表面清扫、检查及绝缘瓶上下金属烧结处防断裂检查，等等。以上重点性检修过程应按照各设备技术工艺导则或出厂规程技术要求执行，力求检修后的设备恢复原技术功能水平。

（2）一般性检修。这是常规小修或临修的形式。通常在设备检修中坚持动态管理，坚持应修必修，修必修好的原则，对设备存在的缺陷故障安排针对性检修。在这一检修过程中除了对故障部分进行恢复性检修外，还应在一定范围内做一般性的维护检修。例如，对绝缘支柱及基架强度检查、清扫；对导电回路中触头、触指、弹簧进行工艺性检测及检修；对传动杆件销、轴、孔进行清洁、注油；对机构传动、转动装配及机械联锁、限位、闭锁功能进行检查；对三相同期性、开距、分合到位的配合、导电回路电阻进行测量及调整；对引线装配、固定及电气连接要求做检查测量，等等。

2. 高压隔离开关抢修及维护

（1）抢修。这是隔离开关发生重大故障迫使停运的一种检修。在这一检修过程中重点是对缺陷故障进行恢复性的检修，通过换备品配件或是进行标准技术的工艺处理，使设备基本具备运行条件并恢复运行。在这一检修中可以用替代性的材料、备件及符合安全运行的工艺手段进行抢修恢复，在下一检修周期内再做完善性恢复，如引线断裂的并接或续接、拉杆断裂焊接等。

（2）维护。隔离开关除检修外，还应进行一般性的维护，以巩固其设备健康水平。这些维护内容包括：“逢停必扫”的检查；配合停电做设备传动动作检查（对转动轴、销适当进行注油增加润滑）；有安措条件下可进行触头部位的清洁，加注润滑油脂及装配工艺检查；对接地刀闸与主刀闸联锁功能检测。日常巡检应对导流电接触部位进行温度测量（如试温片剂融化情况、导流面外观颜色判断、定期红外线测温）等。

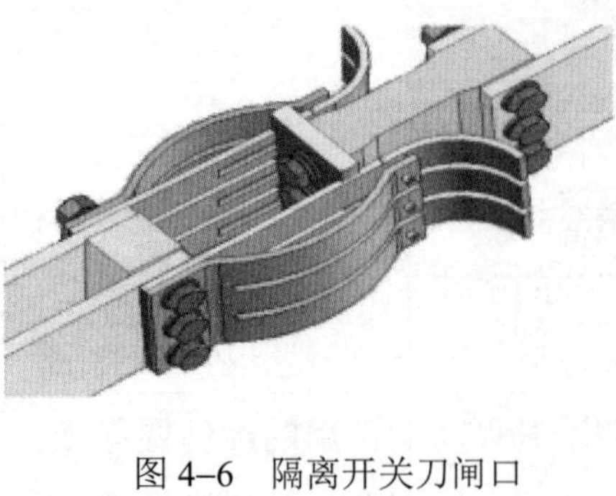

图 4–6　隔离开关刀闸口

3. 常见故障及处理

（1）刀闸口发热。隔离开关刀闸口如图 4–6 所示。

原因分析：

1）机构部分故障造成操作不到位，刀闸合不严。处理方法：当负荷不大时操作杆使用较方便之处可用操作杆（相当电压等级）将刀闸调整合严，修理机构。

2）负荷上升较快，超过设备允许值。处理方法：立即设法减少负荷，如通知用户限负荷或拉开部分分支线路，在采取措施前尚应加强监视；倒换母线，转移负荷，使刀闸退出运行；临时接短接线（接续线）；单母线接线时，应减少负荷并加强监视，如条件许可应尽可能停止使用。

3）触头部分烧伤、锈蚀、磨损使接触不良；运行中触头触指、弹簧锈蚀、过热、弹力减小、压紧弹簧或螺钉松弛、刀闸口合不严；触头触指表面氧化，接触电阻增大。处理方法：修理触头触指或更换。

（2）瓷瓶有外伤、硬伤、污垢、烧伤痕迹、爆炸痕迹。原因分析：

瓷瓶本身有外伤、硬伤等缺陷，加之污垢严重或雷电、操作产生过电压使瓷瓶发生闪络放电，严重时产生相间短路，使瓷瓶爆炸，断路器分闸。处理方法：不严重的放电痕迹、表面龟裂、掉釉等，可暂不处理。瓷瓶外伤严重、对地击穿、瓷瓶爆炸等，应立即采取检修更换。

（3）隔离开关不能合闸。原因分析：

1）轴销脱落、铸铁件断裂，使刀闸与传动机构脱节。检修时，可将轴销固定好，更换损坏的部件。

2）电气回路故障，应检查合闸回路各接点、接触面的接触状态，以及导线是否有短线。

3）传动机构松动，使两接触面不在一条直线上。检修时，应调整松动部分，使两接触处在一条直线上。

（4）隔离开关不能分闸。原因分析：

1）冰冻引起拒分。

2）传动机构卡滞。

3）接触部分卡住。

检修时，可搬动操动机构手柄，找出故障部分进行处理，切不要强行拉开，以免损坏部件。

（五）隔离开关调试的基本要求

隔离开关经检修或安装后须满足以下基本的技术条件，以确保其设备的可靠使用。

（1）三相隔离开关相间距离要对称相等，且符合电气安全距离。

（2）三相隔离开关分合动作要协调一致，同步性误差即三相不同期要符合工艺技术标准（参照相关技术规程）。

（3）三相开距应符合电气安全距离及该型号设备的技术要求（参照相关技术规程）。

（4）主刀闸、接地刀闸合位，分位限位调整。这一限位要满足其设备工作状态需要。

（5）导电回路中各电接触工艺要满足技术参数，如触头扣合深度、扣合平行度（同心度）、上下对称误差度、刀闸口处触头压强度均应符合各型号产品的技术标准。

（6）主刀闸与接地刀闸相互闭锁联动要切实可靠。

通过调整达到：

1）主刀闸在合位时有自锁功能（即不易开锁、误分）。

2）具备对接地装配传动部件有闭锁制约（通常用机械板、杆等进行限位），使其不能产生误合接地刀闸。

3）接地刀闸在合位时也有自锁功能。

4）具备对主刀闸传动部件有闭锁制约，使其不能误合主刀闸，且它们都有各自工作状态（分/合闸位置）自锁，以防外力误动。

（7）操纵机构要具有传动主、地刀闸并具备自锁功能的功效，并有位置状态的指示。机构部分应满足合、分过程方向的一致性和到位的限位，辅连接点要在主刀闸闭合或分开过程动作完成80%～85%时应进行切换动作并瞬时到位，以使位置信号或电气传动电源变换接通。电动机输出轴和主刀闸传动轴连接时应遵循主刀闸在合、分1/2处进行，以免方向不一致使机械传动杆臂及电动机损坏。连接后不少于3～5次的连续操作，试验无误后方可使用。

（8）隔离开关各单极及整体的接地片应可靠牢固，无锈蚀及氧化断裂。

（9）接地刀闸动杆（触头）在分闸状态时应调整与导电部位的安全电气距离，并保证其弹性运动量不易增大，以确保工作状态下安全。其标准应参照不同型号产品的技术规程。

（10）隔离开关调试完后应做三相各回路接触电阻以保证其导电性能（一般是微欧姆级）。可参照各产品出厂技术要求执行。

（11）隔离开关引线装配应满足设备线夹与刀闸接线座有相对转动或变化的正确性，以使其主刀闸合分过程中引线相对静止不动，以满足相间电气安全距离。引线松弛度要适当，要满足热胀冷缩量需求和对地及相间的电气距离要求，其在工艺质量上做到不松股、不断线。螺栓工艺应符合工艺要求，应留有余量和合理使用平垫弹簧垫等。

以上技术要求可做一般性提示要求，在实践运用中要根据其工艺导则及相关技术规程，尤其生产厂商提供的工艺要求去严格执行，以使高压隔离开关检修工作尽善尽美地完成。

四、方法与步骤

高压隔离开关是发电厂和变电站电气系统中重要的开关电器设备，高压隔离开关设备的健康运行关系到电网的安全稳定。高压隔离开关的大小修工作是进行高压隔离开关维护的基本技能要求。为了使学员更好地快速掌握隔离开关的基本原理和检修工艺，本课程专门设计了以下三个项目：① 隔离开关主刀闸导电系统分解检修作业；② 隔离开关接地刀闸检修作业；③ 隔离开关三相合闸不同期调整作业。

本书所列举的操作方法及检修工艺全部以 GW4–110D 型高压隔离开关为例。

（一）任务一　隔离开关主刀闸导电系统分解检修作业

1. 作业前准备

作业前准备工作见表 4–4。

表 4–4　作业前准备

准备项目	准备内容
1. 图样资料	相关图样和技术文件
2. 安全用具	安全帽三顶
3. 工器具	组合工具一套；手套三副；套筒扳手一套
4. 材料	GW4–110D 型隔离开关一组，备品备件、消耗性材料
5. 办理相关手续	提交停电申请，填写第一种工作票

2. 作业风险评估

作业开始前，应结合设备的运行情况进行风险评估，见表 4–5。并结合实际情况，采取相应的控制措施。

表 4–5　作业风险评估

作业内容	危害名称	风险种类	风险范畴	风险控制措施
隔离开关主刀闸导电系统分解检修作业	不合格的安全带	坠落	人身风险	（1）定期对安全工器具进行试验，并做好检查记录； （2）分配有经验的人员进行工器具准备，工作负责人核对并检查； （3）使用前再次检查

续表

作业内容	危害名称	风险种类	风险范畴	风险控制措施
隔离开关主刀闸导电系统分解检修作业	不明确的工作范围	触电	人身风险	（1）工作负责人严格履行工作许可手续，确认停电范围； （2）工作负责人认真核对设备名称和编号，互相监护和提醒
	误碰带电设备	触电	人身风险	作业人员与带电体应保持足够的安全距离。必要时，采用接地线短接已停电部位与地之间，防止感应电伤人
	不明确的工作范围	触电	人身风险	（1）工作负责人严格履行工作许可手续，确认停电范围； （2）工作负责人认真核对设备名称和编号
	遗留在开关柜内的工器具	设备烧损	设备风险	（1）对工器具进行定置摆放； （2）结束工作前工作负责人按工具箱清册对工具进行清点，并对工作现场再次进行检查
	不到位的安全措施	触电	人身风险	（1）工作前认真检查核对安全措施； （2）安措检查时，值班员和工作负责人一道开展； （3）检查核实安措中互相进行监护。 （4）必要时工作班人员也可参与落实
	吊装与带电设备的安全距离不够	触电	人身风险	（1）抽查现场工作的规范； （2）指定现场吊装的统一指挥人员； （3）负责人加强现场的安全监督管理； （4）严格执行特种作业要求及规范

注　本风险评估表只作为参考，应根据现场实际情况分析处理。

3. 作业过程

作业开始前，工作负责人必须对其他工作班成员进行安全交底，交底的内容包括工作任务、停电范围、带电部位、安全措施及布置、操作注意事项，并对工作班成员进行危险点和相应控制措施的告知。具体作业过程见表4–6。

表4–6　　作　业　过　程

作业步骤	作业标准及质量	作业记录
1. 检修前准备	工器具、材料齐全、着装合理	
2. 检修资料准备	准备有设备说明书、运行情况资料、检修报告等	
3. 办理工作许可手续	口头正确履行开工手续，核实安全措施	
4. 拆除隔离开关导电部分元件	正确安全拆除隔离开关导电回路各部分元件（用地面任一相模拟操作）	

续表

作业步骤	作业标准及质量	作业记录
5. 动触头接线座解体检修	按顺序解体动触头接线座检修装复，镀银层用氨水（25%）浸泡后用清水冲洗，尼龙刷清除硫化银层，铜表面用 0 号砂布打磨	
6. 静触头触指部分解体检修	按顺序解体静触头触指部分检修装复（接线座解体口述）	
7. 装复隔离开关导电系统动静触头	正确安全安装隔离开关动静触头	
8. 清理现场、文明施工	做到工完、料尽、场地清	
9. 填写检修记录	齐全、正确	
10. 办理工作终结手续	正确口头办理工作终结手续	

（二）任务二　隔离开关接地刀闸检修作业

1. 作业前准备

作业前准备工作见表 4–7。

表 4–7　　作 业 前 准 备

准备项目	准　备　内　容
1. 图样资料	相关图样和技术文件
2. 安全用具	安全帽三顶
3. 工器具	组合工具一套；手套三副；套筒扳手一套
4. 材料	GW4–110D 型隔离开关一组，备品备件、消耗性材料
5. 办理相关手续	提交停电申请，填写第一种工作票

2. 作业风险评估

作业开始前，应结合设备的运行情况进行风险评估，见表 4–8。并结合实际情况，采取相应的控制措施。

表 4–8　　作 业 风 险 评 估

作业内容	危害名称	风险种类	风险范畴	风险控制措施
隔离开关接地刀闸检修作业	不合格的安全带	坠落	人身风险	（1）定期对安全工器具进行试验，并做好检查记录； （2）分配有经验的人员进行工器具准备，工作负责人核对并检查； （3）使用前再次检查

续表

作业内容	危害名称	风险种类	风险范畴	风险控制措施
隔离开关接地刀闸检修作业	不明确的工作范围	触电	人身风险	（1）工作负责人严格履行工作许可手续，确认停电范围； （2）工作负责人认真核对设备名称和编号，监护和提醒
	误碰带电设备	触电	人身风险	作业人员与带电体应保持足够的安全距离。必要时，采用接地线短接已停电部位与地之间，防止感应电伤人
	不明确的工作范围	触电	人身风险	（1）工作负责人严格履行工作许可手续，确认停电范围； （2）工作负责人认真核对设备名称和编号
	遗留在开关柜内的工器具	设备烧损	设备风险	（1）对工器具进行定置摆放； （2）结束工作前工作负责人按工具箱清册对工具进行清点，并对工作现场再次进行检查
	不到位的安全措施	触电	人身风险	（1）工作前认真检查核对安全措施； （2）安措检查时，值班员和工作负责人一道开展； （3）检查核实安措中互相进行监护； （4）必要时工作班人员也可参与落实

注　本风险评估表只作为参考，应根据现场实际情况分析处理。

3. 作业过程

作业开始前，工作负责人必须对其他工作班成员进行安全交底，交底的内容包括工作任务、停电范围、带电部位、安全措施及布置、操作注意事项，并对工作班成员进行危险点和相应控制措施的告知。具体作业过程见表 4–9。

表 4–9　　　　　　作　业　过　程

作业步骤	作业标准及质量	作业记录
1. 检修前准备	工器具、材料齐全、着装合理	
2. 检修资料准备	准备有设备说明书、运行情况资料、检修报告等	
3. 办理工作许可手续	口头正确履行开工手续，核实安全措施	
4. 接地刀闸动静触头检修	正确安全拆除和装复接地刀闸静触头，触头无变形烧损现象（动触头拆除检修处理用口述）	
5. 检查软铜导电带和导电接触面	导电接触面无氧化、无锈蚀、无变形和无断裂	

续表

作业步骤	作业标准及质量	作业记录
6. 手动机构检查	解除手动机构和水平连杆的连接，检查机构应灵活无卡涩，无锈蚀，辅助开关接触良好	
7. 检查转动、传动及导电管情况	转动、传动部分灵活无锈蚀，轴销完好，导电管无锈蚀变形，分闸在水平位置，操作灵活到位	
8. 检查接地刀闸机械闭锁情况	主刀闸在分闸位置，操作接地刀闸应动作灵活，触头三相合闸同期，合闸到位。主刀闸在合闸情况下机械闭锁可靠，接地刀闸不能合闸，闭锁间隙合理（插入深度80%以上）	
9. 清理现场、文明施工	做到工完、料尽、场地清	
10. 填写检修记录	齐全、正确	
11. 办理工作终结手续	正确口头办理工作终结手续	

（三）任务三　隔离开关三相合闸不同期调整作业

1. 作业前准备

作业前准备工作见表 4–10。

表 4–10　　作业前准备

准备项目	准备内容
1. 图样资料	相关图样和技术文件
2. 安全用具	安全帽三顶
3. 工器具	组合工具一套；手套三副；套筒扳手一套
4. 材料	GW4–110D 型隔离开关一组，备品备件、消耗性材料
5. 办理相关手续	提交停电申请，填写第一种工作票

2. 作业风险评估

作业开始前，应结合设备的运行情况进行风险评估，见表 4–11。并结合实际情况，采取相应的控制措施。

表 4–11　　作业风险评估

作业内容	危害名称	风险种类	风险范畴	风险控制措施
隔离开关三相合闸不同期调整作业	不合格的安全带	坠落	人身风险	（1）定期对安全工器具进行试验，并做好检查记录； （2）分配有经验的人员进行工器具准备，工作负责人核对并检查； （3）使用前再次检查

续表

作业内容	危害名称	风险种类	风险范畴	风险控制措施
隔离开关三相合闸不同期调整作业	不明确的工作范围	触电	人身风险	（1）工作负责人严格履行工作许可手续，确认停电范围； （2）工作负责人认真核对设备名称和编号，并进行监护和提醒
	误碰带电设备	触电	人身风险	作业人员与带电体应保持足够的安全距离。必要时，采用接地线短接已停电部位与地之间，防止感应电伤人
	不明确的工作范围	触电	人身风险	（1）工作负责人严格履行工作许可手续，确认停电范围； （2）工作负责人认真核对设备名称和编号
	遗留在开关柜内的工器具	设备烧损	设备风险	（1）对工器具进行定置摆放； （2）结束工作前工作负责人按工具箱清册对工具进行清点，并对工作现场再次进行检查
	不到位的安全措施	触电	人身风险	（1）工作前认真检查核对安全措施； （2）安措检查时，值班员和工作负责人一道开展； （3）检查核实安措中互相进行监护； （4）必要时工作班人员也可参与落实

注　本风险评估表只作为参考，应根据现场实际情况分析处理。

3. 作业过程

作业开始前，工作负责人必须对其他工作班成员进行安全交底，交底的内容包括工作任务、停电范围、带电部位、安全措施及布置、操作注意事项，并对工作班成员进行危险点和相应控制措施的告知。具体作业过程见表 4–12。

表 4–12　　　　**作　业　过　程**

作业步骤	作业标准及质量	作业记录
1. 检修前准备	工器具、材料齐全、着装合理	
2. 检修资料准备	准备有设备说明书、运行情况资料、检修报告等	
3. 办理工作许可手续	口头正确履行开工手续，核实安全措施	
4. 检查转动、传动部件情况	手动操作一次，检查转动、传动部分动作情况，检查传动转动轴销完好无锈蚀变形	
5. 手动对隔离开关合闸三相不同期调整	拆除三相水平连杆，分别对各相进行调整，连接机构最近一相，配合机构进行分合闸调整，调整好后，连接三相在进行整体调整。操作 3～5 次	

续表

作业步骤	作业标准及质量	作业记录
6. 电动对隔离开关合闸三相不同期调整	电动操动机构 3～5 次，检查合闸同期性及间隙尺寸（不能电动除外）	
7. 检查接地刀闸机械闭锁情况	主刀闸在分闸位置，操作接地刀闸应动作灵活，触头三相合闸同期，合闸到位。主刀闸在合闸情况下，机械闭锁可靠，接地刀闸不能合闸	
8. 清理现场、文明施工	做到工完、料尽、场地清	
9. 填写检修记录	齐全、正确	
10. 办理工作终结手续	正确口头办理工作终结手续	

五、项目实施

（1）将学员分为三个小组，每个小组分别对应上述的三个工作任务，要求在实际操作工作前，所有学员必须熟悉上述操作步骤，对危险点进行评估，并采取相应控制措施后方可开始工作。工作中，选定一名工作负责人，负责协调和组织，并在工作工程中认真监护，确保工作的安全。

（2）在三个小组都完成自己的工作任务后，三个小组互相交换工作任务，直到所有任务全部完成，并且确保所有小组成员都能掌握相关操作方法。

（3）待所有学员都完成三个任务的工作后，老师根据学员的表现，分别对每个任务进行任务评价。

六、项目评价

任务一至任务三的项目评价表分别见表 4–13～表 4–15。

表 4–13　　任务一项目评价表

实施时间	80min	项目编码		项目总分	100
实施方式	实际操作	实施地点		得分汇总	
项目名称	隔离开关主刀闸导电系统分解检修作业				
需要说明的问题及要求	（1）现场检修设备应做好安全措施； （2）配合人员一名，检修只要求完成地面的一相； （3）口头办理工作票				
工器具、材料、设备场地	提供实际操作场地、GW4–110 型隔离开关一组、检修电工工具、检修用跳板、备品备件、消耗性材料、量具				

续表

	项目步骤（分值）	质量标准	扣分标准	得分
考核标准	1. 检修前准备（5分）	工器具、材料齐全、着装合理	每缺少一件工器具、材料、备品备件影响检修扣3分，着装影响安全扣1分	
	2. 检修资料准备（5分）	设备说明书、运行情况资料、检修报告等	每缺少一件必备的技术资料影响检修扣1分	
	3. 办理工作许可手续（5分）	口头正确履行开工手续，核实安全措施	不知道正确履行工作票手续就工作扣5分，不了解工作内容和安全措施扣2分	
	4. 拆除隔离开关导电部分元件（10分）	正确安全拆除隔离开关导电回路各部分元件（用地面任一相模拟操作）	拆除前安全措施口述不到位扣2分，不会拧下螺栓取下动静触头扣2分，不了解各部分名称每一处扣1分，有野蛮作业一次扣3分	
	5. 动触头接线座解体检修（20分）	按顺序解体动触头接线座检修装复，镀银层用氨水（25%）浸泡后用清水冲洗，尼龙刷清除硫化银层，铜表面用0号砂布打磨	不会解体扣5分，解体前关键位置未做标记扣1分，摆放凌乱扣2分，电气接触面不会打磨处理扣2分，检查处理关键部位不清楚扣3分，不会装复扣3分，有野蛮作业一次扣3分（滚动触头解体口述）	
	6. 静触头触指部分解体检修（25分）	按顺序解体静触头触指部分检修装复（接线座解体口述）	不会解体扣5分，解体前关键位置未做标记扣1分，摆放凌乱扣2分，电气接触面不会打磨处理扣2分，检查处理关键部位不清楚扣3分，不会装复扣3分，解体后装复不上扣5分，有野蛮作业一次扣3分	
	7. 装复隔离开关导电系统动静触头（15分）	正确安全安装隔离开关动静触头	未正确安装好动静触头扣5分，安装方向错误扣3分，螺栓装配不合理扣2分	
	8. 清理现场、文明施工（5分）	做到工完、料尽、场地清	不清理现场扣2分，遗留一样工器具或材料扣1分	
	9. 填写检修记录（5分）	齐全、正确	填写错误、不齐全扣2分	
	10. 办理工作终结手续（5分）	正确口头办理工作终结手续	不办理工作终结手续扣2分，未向监考人员交待检修情况扣2分	
考评员签字：			考评时间：	

注　发生重大事故（人身和设备安全事故）、严重违反维修原则和情节严重的野蛮操作等，由指导教师决定是否取消其实际操作资格。

表 4–14　　任务二项目评价表

<table>
<tr><td>实施时间</td><td>80min</td><td>项目编码</td><td></td><td>项目总分</td><td>100</td></tr>
<tr><td>实施方式</td><td>实际操作</td><td>实施地点</td><td></td><td>得分汇总</td><td></td></tr>
<tr><td>项目名称</td><td colspan="5">隔离开关接地刀闸检修作业</td></tr>
<tr><td>需要说明的问题及要求</td><td colspan="5">（1）现场检修设备应做好安全措施；
（2）配合人员一名；
（3）口头办理工作票</td></tr>
<tr><td>工器具、材料、设备场地</td><td colspan="5">提供实际操作场地、GW4–110 型隔离开关一组、检修电工工具、检修用跳板、备品备件、消耗性材料、量具</td></tr>
<tr><td rowspan="8">考核标准</td><td>项目步骤（得分）</td><td>质量标准</td><td>扣分标准</td><td>得分</td></tr>
<tr><td>1. 检修前准备（5 分）</td><td>工器具、材料齐全、着装合理</td><td>每缺少一件工器具、材料、备品备件影响检修扣 3 分，着装影响安全扣 1 分</td><td></td></tr>
<tr><td>2. 检修资料准备（5 分）</td><td>设备说明书、运行情况资料、检修报告等</td><td>每缺少一件必备的技术资料影响检修扣 1 分</td><td></td></tr>
<tr><td>3. 办理工作许可手续（5 分）</td><td>口头正确履行开工手续，核实安全措施</td><td>不知道正确履行工作票手续就工作扣 5 分，不了解工作内容和安全措施扣 2 分</td><td></td></tr>
<tr><td>4. 接地开关动静触头检修（10 分）</td><td>正确安全拆除和装复接地刀闸静触头，触头无变形烧损现象（动触头拆除检修处理用口述）</td><td>不会拧下螺栓取下接地刀闸动静触头扣 2 分，不会处理接触面一处扣 1 分，有问题未发现扣 2 分，变形不校正扣 2 分，有野蛮作业一次扣 3 分</td><td></td></tr>
<tr><td>5. 检查软铜导电带和导电接触面（10 分）</td><td>导电接触面无氧化、锈蚀、变形和断裂</td><td>电气接触面不会用 0 号纱布打磨处理扣 2 分，不会用钢丝刷除锈扣 3 分，装复不涂凡士林扣 2 分，未发现问题扣 2 分，有野蛮作业一次扣 3 分</td><td></td></tr>
<tr><td>6. 手动操动机构检查（20 分）</td><td>解除手动机构和水平连杆的连接，检查机构应灵活无卡涩，无锈蚀，辅助开关接触良好</td><td>不回解除机构和接地刀闸水平连杆连接口 3 分，机构不灵活不作润滑处理扣 3 分，有锈蚀不处理扣 2 分，不检查辅助开关接触情况扣 3 分，检查完后不恢复连接扣 2 分</td><td></td></tr>
<tr><td>7. 检查转动、传动及导电管情况（15 分）</td><td>转动、传动部分灵活无锈蚀，轴销完好，导电管无锈蚀变形，分闸在水平位置，操作灵活到位</td><td>传动和转动部分有缺陷未检查到一处扣 1 分，不明白如何处理 1 处扣 2 分，有野蛮作业一次扣 3 分</td><td></td></tr>
</table>

续表

	项目步骤（得分）	质量标准	扣分标准	得分
考核标准	8. 检查接地刀闸机械闭锁情况（15分）	主刀在分闸位置，操作接地刀闸应动作灵活，触头三相合闸同期，合闸到位。主刀在合闸情况下，机械闭锁可靠，地刀不能合闸，闭锁间隙合理（插入深度80%以上）	不会在主刀分闸状态下，检查接地刀闸合闸情况扣5分，合闸不到位不会检查调整扣5分，机械闭锁不能满足要求，不会调整扣5分，有变形或缺损未检查到进行更换扣3分	
	9. 清理现场、文明施工（5分）	做到工完、料尽、场地清	未清理现场扣2分，遗留一样工器具或材料扣1分	
	10. 填写检修记录（5分）	齐全、正确	填写错误、不齐全扣2分	
	11. 办理工作终结手续（5分）	正确口头办理工作终结手续	未办理工作终结手续扣2分，未向监考人员交待检修情况扣2分	
评员签字：			考评时间：	

注　发生重大事故（人身和设备安全事故）、严重违反维修原则和情节严重的野蛮操作等，由指导教师决定是否取消其实际操作资格。

表4–15　　任务三项目评价表

实施时间	80min	项目编码		项目总分	100
实施方式	实际操作	实施地点		得分汇总	
项目名称	隔离开关三相合闸不同期调整作业				
需要说明的问题及要求	（1）现场检修设备应做好安全措施； （2）配合人员一名； （3）口头办理工作票				
工器具、材料、设备场地	提供实际操作场地、GW4–110型隔离开关一组、检修电工工具、检修用跳板、备品备件、消耗性材料、量具				
考核标准	项目步骤（得分）	质量标准	扣分标准	得分	
	1. 检修前准备（5分）	工器具、材料齐全、着装合理	每缺少一件工器具、材料、备品备件影响检修扣3分，着装影响安全扣1分		
	2. 检修资料准备（5分）	设备说明书、运行情况资料、检修报告等	每缺少一件必备的技术资料影响检修扣1分		
	3. 办理工作许可手续（5分）	口头正确履行开工手续，核实安全措施	不知道正确履行工作票手续就工作扣5分，不了解工作内容和安全措施扣2分		

续表

	项目步骤（得分）	质量标准	扣分标准	得分
考核标准	4. 检查转动、传动部件情况（10 分）	手动操作一次，检查转动、传动部分动作情况，检查传动转动轴销完好无锈蚀变形	不会先操作了解情况扣 2 分，不检查传动和转动部分缺陷扣 2 分，有野蛮作业一次扣 3 分	
	5. 手动对隔离开关合闸三相不同期调整（30 分）	拆除三相水平连杆，分别对各相进行调整，连接机构最近一相，配合机构进行分合闸调整，调整好后，连接三相在进行整体调整。操作 3～5 次	不会拆除水平连杆扣 3 分，不会分别对各相进行调整扣 4 分，不会连接三相整体调整扣 5 分，不检查同期性扣 3 分，不检查合闸间隙扣 3 分，不检查止钉间隙扣 3 分，操作检查次数不够扣 3 分	
	6. 电动对隔离开关合闸三相不同期调整	电动操动机构 3～5 次，检查合闸同期性及间隙尺寸（不能电动除外）	未进行电动合闸试验检查同期性扣 5 分，不检查合闸间隙扣 3 分，操作检查次数不够扣 3 分	
	7. 检查接地刀闸机械闭锁情况	主刀闸在分闸位置，操作接地刀闸应动作灵活，触头三相合闸同期，合闸到位。主刀闸在合闸情况下，机械闭锁可靠，接地刀闸不能合闸	不会在主刀闸分闸状态下，检查接地刀闸合闸隙情况扣 5 分，合闸不到位不会调整扣 5 分，机械闭锁不能满足要求，不会调整扣 5 分，有变形或缺损未检查到进行更换扣 3 分	
	8. 清理现场、文明施工	做到工完、料尽、场地清	未清理现场扣 2 分，遗留一样工器具或材料扣 1 分	
	9. 填写检修记录	齐全、正确	填写错误、不齐全扣 2 分	
	10. 办理工作终结手续	正确口头办理工作终结手续	未办理工作终结手续扣 2 分，未向监考人员交待检修情况扣 2 分	
考评员签字：			考评时间：	

注 发生重大事故（人身和设备安全事故）、严重违反维修原则和情节严重的野蛮操作等，由指导教师决定是否取消其实际操作资格。

思 考 题

1. 高压隔离开关有哪几项基本的调试？

2. 高压隔离开关刀口发热如何处理？

3. 发生隔离开关刀片弯曲的原因是什么？

4. 通过查阅相关资料了解什么是隔离开关的完善化，隔离开关完善化的必要性及完善化的几种模式。

5. 项目五

高压互感器检修及维护

一、学习目标

1. 知识目标

（1）了解电流、电压互感器的原理；

（2）能表述典型电流、电压互感器的结构与特点；

（3）掌握电流、电压互感器检修项目、周期、修前准备及质量标准等，掌握电流、电压互感器检修时存在的风险及相应的控制措施。

2. 能力目标

（1）能够根据缺陷现象判断设备缺陷；

（2）能独立对电流、电压互感器常见缺陷进行检修（包括：对油浸式互感器金属膨胀器的检查、油样的采集，更换10kV干式电压、电流互感器，会更改电流互感器变比等）；

（3）能够在检修过程中，正确合理地控制风险，正确使用工器具及安全用具。

二、项目分析

互感器（instrument transformer）又称为仪用变压器，是电流互感器和电压互感器的统称。能将高电压变成低电压、大电流变成小电流，用于量测或保护系统。其功能主要是将高电压或大电流按比例变换成标准低电压（100V）或标准小电流（5A或1A，均指额定值），以便实现测量仪表、保护设备及自动控制设备的标准化、小型化。同时互感器还可用来隔开高电压系统，以保证人身和设备的安全。

本项目要求在一些常用、典型的电流、电压互感器上，要求能够独立完成对油浸式互感器金属膨胀器的检查、油样的采集，更换10kV干式电压、电流互感器，会更改电流互感器变比等工作，并且能试分析出造成以上设备缺陷的原因。

三、相关知识

（一）互感器的分类

互感器分为电流互感器（TA）和电压互感器（TV）两大类。具体又分为以下几种形式：

- 电流互感器
  - 电磁式
  - 光电式
- 电压互感器
  - 电磁式
  - 电容分压式
  - 光电式

目前广泛使用的互感器是利用电磁感应原理制成的电磁式互感器。其工作原理和变压器完全相似，都是电磁感应原理，但在工作特性和性能要求上有较大的区别。近几年，随着智能电网的发展，光电式互感器也广泛使用在一些数字化变电站中，光电式互感器与传统的电磁互感器有着本质的区别。数字互感器输出的是数字信号，而电磁互感器是模拟信号。它基于光电技术原理，是国家建设智能化电网的必备产品。

1. 电流互感器的分类

电流互感器按安装地点可分为户内用和户外用两类；按安装方式可分为穿墙式、支持式、装入式；按绝缘可分为干式、浇注式和油浸式；按一次绕组的匝数又可分为单匝式和多匝式等。

10kV 系统多采用环氧树脂浇注式互感器。它的一次绕组和部分二次绕组用环氧树脂浇注成一个整体，铁心套在外面，互感器具有两个铁心和两个二次绕组，其中一组用于测量，另一组用于保护。

2. 电压互感器的分类

按照安装地点分为户内和户外；按相数分为单相和三相；按绕组分为双绕组和多绕组；按绝缘分为浇注式和油浸式；按工作原理分为电磁式电压互感器、电容式电压互感器等。

（二）互感器的作用

互感器包括电压互感器和电流互感器。它是一种特殊的变压器，它的基本作用原理与变压器相同，在电力系统中，为了测量和继电保护的需要，必须使用互感器，它被广泛应用于供电系统中向测量仪表和继电器的电压线圈或电流线圈供电。

电流互感器是将一次大电流，按比例变为适合通过仪表或继电器使用的，额定电流为 5A 或者 1A 的变换设备。

电压互感器的二次电压统一设计为 100V（线电压），辅助绕组开口三角设计成 100/3。

互感器的作用如下：

（1）将一次回路的高电压和大电流变为二次回路标准的低电压和小电流，二次设备的绝缘水平能按低电压设计，使测量仪表和保护装置标准化、小型化，并使其结构轻巧、价格便宜，并便于屏内安装。

（2）互感器一次侧和二次侧没有电的联系，只有磁的联系，隔离了高压电路，使二次设备与高电压部分隔离。且互感器二次侧均应接地（也必须接地），铁心也必须接地。从而保证了设备和人身的安全。

（3）使二次回路不受一次回路的限制，便于集中管理，可实现远方控制和测量。

（三）互感器的工作原理

1. 电流互感器

电流互感器的一次绕组串接在主回路中，并且匝数很少，通常只有一匝或者几匝，而二次绕组匝数比较多。每绕组所接的电流表和继电器均与二次绕组串联，且阻抗很小，所以电流互感器正常工作时，近于短路状态。这也是它和变压器的主要区别。

电流互感器在运行中是绝对不允许开路的，所以电流互感器不使用的绕组要短接并接地。因为在二次侧开路时，一次电流将全部用来对铁心励磁，使铁心严重饱和，由于二次绕组的感应电势与磁通变化率成正比，二次绕组将在磁通过零时，感应产生很高的尖顶波电势，数值可达上万伏，对设备和人身安全都是极其危险的。此外，由于感应强度的增加，使得铁心的损耗也大大增加，铁心会严重过热，很可能发生因绝缘损害而造成的重大电气事故。

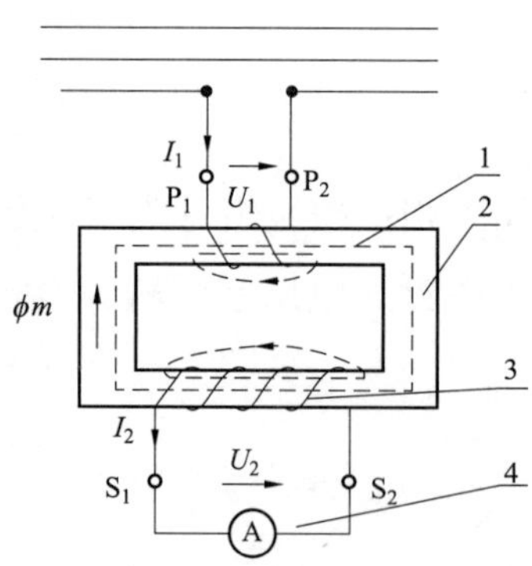

图 5-1　电流互感器工作原理图

1—一次绕组；2—铁心；
3—二次绕组；4—电流表

电力系统中广泛采用的是电磁式电流互感器，它的工作原理和变压器相似。工作原理图如图 5-1 所示。

电流互感器一、二次电流之比称为电流互感器的额定互感比（额定变比），即

$$K_I = I_1 / I_2 \approx N_2 / N_1$$

式中　I_1——一次线圈的额定电流，A；

I_2——二次线圈的额定电流，5A 或 1A。

正常工作时：

磁动势 $N_1I_1+N_2I_2=N_1I_0$， N_1I_1 和 N_2I_2 互相抵消一大部分，激磁磁势 N_1I_0，数值不大。

二次电路开路时：

N_2I_2 等于零，激磁磁势猛增到 N_1I_1，铁心中磁感应强度猛增，造成铁心磁饱和。铁心饱和致使随时间变化的磁通 Φ 的波形由正弦波变为平顶波，在磁通曲线 Φ 过零前后磁通 Φ 在短时间内从 $+\Phi_m$ 变为 $-\Phi_m$，使 $\mathrm{d}\Phi/\mathrm{d}t$ 值很大。$e_2=-\mathrm{d}\Phi/\mathrm{d}t$，磁通急剧变化时，二次绕组内将感应很高的尖顶波电势 e_2，危及工作人员的安全，威胁仪表和继电器以及连接电缆的绝缘。此外，磁路的严重饱和还会使铁心严重发热，若不能及时发现和处理，会使电磁式电流互感器烧毁和电缆着火。二次电路开路时，还会在铁心中产生剩磁，影响互感器的特性。

2. 电压互感器

电压互感器是一种专门用于变换电压的特种变压器。在正常工作条件下，其二次电压实质上与一次电压成正比，而且在连接方向正确时，二次电压对一次电压的相位差接近于零。

电压互感器本身的阻抗很小，一旦副边发生短路，电流将急剧增长而烧毁线圈。为此，运行时要求电压互感器的原边要接有熔断器，副边可靠接地，以免原、副边绝缘损毁时，副边出现对地高电位而造成人身和设备事故。

电压互感器工作原理与变压器相同，基本结构也是铁心和原、副绕组。特点是容量很小且比较恒定，正常运行时接近于空载状态。工作原理图如图 5–2 所示。

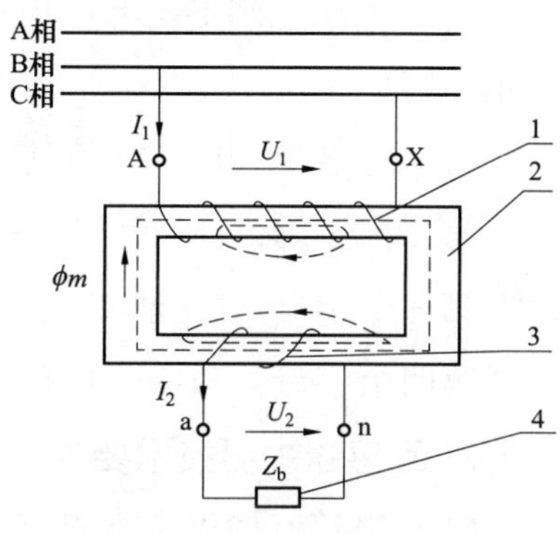

图 5–2　电压互感器工作原理图

1—一次绕组；2—铁心；3—二次绕组；4—二次负荷

电压互感器的一、二次绕组的额定电压之比，称为电压互感器的额定变比（额定变比），即

$$K_I=U_1/U_2\approx N_1/N_2$$

式中　U_1——一次线圈的额定电流，V；

U_2——二次线圈的额定电流，100V 或 $100/\sqrt{3}$ V。

由于，U_1 是电网的额定电压，已标准化（如 10kV、35kV、110kV、220kV、500kV、

750kV 等），二次为统一的 100V 或 100/$\sqrt{3}$ V，所以 K_I 也标准化。

（四）互感器铭牌标志及主要技术要求

1. 互感器铭牌标志

（1）电流互感器型号。电流互感器型号由以下几部分组成，各部分字母、符号表示内容如下：

第一字母：L—电流互感器；

第二字母：A—穿墙式；Z—支柱式；M—母线式；D—单匝贯穿式；V—结构倒置式；J—零序接地检测用；W—抗污秽；R—绕组裸露式；

第三字母：Z—环氧树脂浇注式；C—瓷绝缘；Q—气体绝缘介质；W—与微机保护专用；

第四字母：B—带保护级；C—差动保护；D—D 级；Q—加强型；J—加强型 ZG；

第五数字：电压等级、产品序号。

（2）电压互感器型号。电压互感器型号由以下几部分组成，各部分字母、符号表示内容如下：

第一个字母：J—电压互感器；

第二个字母：D—单相；S—三相；

第三个字母：J—油浸；Z—浇注；

第四个字母：数字—电压等级（kV）。

2. 互感器主要技术要求

（1）电流互感器主要技术要求。

1）额定容量。电流互感器的额定容量系指电流互感器在额定二次电流和额定二次阻抗下运行时，二次线圈输出的容量。由于电流互感器的二次电流为标准值（5A 或 1A），故其容量也常用额定二次阻抗来表示。因电流互感器的误差和二次负荷有关，故同一台电流互感器使用在不同准确级时，会有不同的额定容量。电流互感器对负载的要求就是负载阻抗之和不能超过互感器的额定二次阻抗值。

2）一次额定电流。允许通过电流互感器一次绕组的用电负荷电流。用于电力系统的电流互感器一次额定电流为 5～25 000A，用于试验设备的精密电流互感器为 0.1～50 000A。电流互感器可在一次额定电流下长期运行，负荷电流超过额定电流值时叫做过负荷，电流互感器长期过负荷运行，会烧坏绕组或减少使用寿命。

3）二次额定电流：允许通过电流互感器二次绕组的一次感应电流。

4）10%误差曲线：电流互感器的 10%误差曲线就是在保证电流互感器误差不超过±10%的条件下，一次电流的倍数 *n* 与电流互感器允许最大二次负载阻抗的关系曲线。

5）准确度等级：电流互感器根据测量时误差的大小而划分为不同的准确级。准确级是指在规定的二次负荷范围内，一次电流为额定值时的最大误差。电流互感器的准确度等级分为 0.001～1 多种级别，与原来相比准确度提高很大。用于发电厂、变电站、用电单位配电控制盘上的电气仪表一般采用 0.5 级或 0.2 级；用于设备、线路的继电保护一般不低于 1 级；用于电能计量时，视被测负荷容量或用电量多少依据规程要求来选择。

6）极性标志：为了保证测量及校验工作的接线正确，电流互感器一次绕组和二次绕组的端子应标明极性标志：① 一次绕组首端标为 L1，末端标为 L2。当一次绕组带有抽头时，首端标为 L1，自第一个抽头起依次标为 L2，L3，…。② 二次绕组首端标为 K1，末端标为 K2。当二次绕组带有中间抽头时，首端标为 K1，自第一个抽头起以下依次标志为 K2，K3，…。

（2）电压互感器主要技术要求。

1）额定容量。电压互感器的容量是指其二次额定输出容量，是满足某准确等级的容量，如 0.5 级 80VA。同一台电压互感器对应于不同的准确级便有不同的容量。通常额定容量是指对应于最高准确级的容量。电压互感器按照在最高工作电压下长期工作允许的发热条件，还规定了最大容量。

电压互感器的负载要求就是负载容量之和不能超过互感器的额定二次容量值。

2）电压互感器的准确级。电压互感器的准确级是指在规定的一次电压和二次负荷变化范围内，负荷功率因数为额定值时，电压误差的最大值。电压互感器的准确度等级可分为 0.01 级、0.02 级、0.05 级、0.1 级、0.2 级、0.5 级、1.0 级、3.0 级、5.0 级，0.2 级、0.5 级的用于现场电能计量。

3）额定电压。电压互感器的额定电压是指加在三相电压互感器一次绕组上的额定线电压，应与供电线路的线电压相适应。二次绕组的额定电压，当 V/V 接线时为 100V，当 Y/Y 接线时为 $100/\sqrt{3}$ V。

4）极性标志。为保证测量及校验工作的接线正确，电压互感器一次及二次绕组的端子应标明极性标志：① 单相电压互感器标志：一次侧首端为 U1，末端为 U2；

二次侧首端为u1，末端为u2。② 三相电压互感器标志：一次侧以大写字母U、V、W、N作为各相标志，二次侧以小写字母u、v、w、n作为各相标志。③ 具有多个二次绕组时，分别在各个基本二次绕组的出线标志前加注数字，如1u、1v、1w、1n、2u、2v、2w、2n等，辅助二次绕组标为u1a、u2a。

5）热稳定及动稳定倍数。电力系统故障时，电流互感器受到由于短路电流引起的巨大电流的热效应和电动力作用，电流互感器应该有能够承受而不致受到破坏的能力，这种承受的能力用热稳定和动稳定倍数表示。热稳定倍数是指热稳定电流1s内不致使电流互感器的发热超过允许限度的电流与电流互感器的额定电流之比。动稳定倍数是电流互感器所能承受的最大电流瞬时值与其额定电流之比。

6）10%倍数。电流互感器在正常运行时，一次电流和二次电流都是按比例关系上升或下降的。当线路故障时，由于电流互感器磁密很高，甚至饱和，二次电流随一次电流增大到一定程度后，就不再按比例增大，甚至不增大了。10%倍数就是用来说明电流互感器这种性能的。10%倍数是与继电保护有关的技术指标。

（五）互感器的检修周期和项目

1. 互感器的检修分类

（1）小修。互感器不解体进行的检查与修理，一般在现场进行。

（2）大修。互感器解体暴露器身（SF_6互感器、电容式电压互感器的分压电容器、330kV及以上电流互感器除外），对内外部件进行的检查与修理，一般在检修车间进行。

（3）临时性检修。发现有影响互感器安全运行的异常现象后，针对有关项目进行的检查与修理。

2. 互感器的检修周期

（1）小修1～3年一次，一般结合预防性试验进行。运行在污秽场所的互感器应适当缩短小修周期。

（2）大修根据互感器预防性试验结果及运行中在线监测结果（如有），进行综合分析判断，认为确有必要时进行。

（3）临时性检修针对运行中发现的严重缺陷及时进行。

3. 互感器的检修项目

（1）互感器小修项目。

1） 油浸式互感器小修项目。

a. 外部检查及清扫；

b. 检查维修膨胀器、储油柜、呼吸器；

c. 检查紧固一次和二次引线连接件；

d. 渗漏处理；

e. 检查紧固电容屏型电流互感器及油箱式电压互感器末屏接地点，以及电压互感器 N（X）端接地点；

f. 必要时进行零部件修理与更新；

g. 必要时调整油位或氮气压力；

h. 必要时补漆；

i. 必要时加装金属膨胀器进行密封改造；

j. 必要时进行绝缘油脱气处理。

2） 固体绝缘互感器小修项目。

a. 外部检查及清扫；

b. 检查紧固一次及二次引线连接件；

c. 检查铁心及夹件；

d. 必要时补漆。

3） SF_6 气体绝缘互感器（独立式）小修项目。

a. 外部检查及清扫；

b. 检查气体压力表、阀门及密度继电器；

c. 必要时检漏或补气；

d. 必要时对气体进行脱水处理；

e. 检查紧固一次与二次引线连接件；

f. 必要时补漆。

4） 电容式电压互感器小修项目。

a. 外部检查及清扫；

b. 检查紧固一次与二次引线及电容器连接件；

c. 电磁单元渗漏处理，必要时补油；

d. 必要时补漆。

（2）互感器的大修项目。

1）油浸式互感器大修项目。

a. 外部检查及修前试验；

b. 检查金属膨胀器；

c. 排放绝缘油；

d. 一、二次引线接线柱瓷套分解检修；

e. 吊起瓷套或吊起器身，检查瓷套及器身；

f. 更换全部密封胶垫；

g. 油箱清扫、除锈；

h. 压力释放装置检修与试验；

i. 绝缘油处理或更换；

j. 呼吸器检修，更换干燥剂；

k. 必要时进行器身干燥处理；

l. 总装配；

m. 真空注油；

n. 密封试验；

o. 绝缘油试验及电气试验；

p. 喷漆。

2）SF_6气体绝缘互感器（独立式）大修项目。

a. 外部检查及修前试验；

b. 一、二次引线连接紧固件检查；

c. 回收并处理 SF_6气体；

d. 必要时更换防爆片及其密封圈；

e. 必要时更换二次端子板及其密封圈；

f. 更换吸附剂；

g. 必要时更换压力表、阀门或密度继电器；

h. 补充 SF_6气体；

i. 电气试验；

j. 金属表面喷漆。

3）电容式电压互感器大修项目。

a. 外部检查及修前试验；

b. 检查电容器套管，测量电容值及介质损耗因数；

c. 检查电磁单元；

d. 电磁单元绝缘干燥（必要时）；

e. 电磁单元绝缘油处理；

f. 更换密封胶垫；

g. 电磁单元装配；

h. 电磁单元注油或充氮；

i. 电气试验；

j. 喷漆。

4. 大修前的准备工作

（1）收集、分析运行中发现的缺陷和异常情况及预防性试验的结果，结合在线监测数据变化，确定需要在大修中重点检查处理的项目。

（2）编制大修项目、质量标准、人员分工、进度计划。编制大修技术措施、主要施工工具、设备明细表，绘制必要的施工图。

（3）编制大修安全组织措施。

（4）准备好检验合格的材料与备件，如密封件、绝缘油、氮气、绝缘纸板、皱纹纸、环氧树脂及其他常用材料和零件。

（5）准备好主要施工机具，如滤油机、真空泵、充氮机、储油罐、真空干燥罐、起吊设备等。

四、方法与步骤

电流、电压互感器的渗漏油处理，35kV 及以下开关柜内电流、电压互感器的更换及电流互感器变比更改作业是高压互感器检修和维护的基本要求。为了让学员能够掌握变压器的日常运行维护，具备相应的技能水平，本次变压器的检修与维护项目特设计三个实际操作工作任务，分别是：① 10kV 开关柜内电流互感器更换作业；② 电流互感器变比更改作业；③ 油浸式互感器渗漏油处理作业。

（一）任务一　10kV 开关柜内电流互感器更换作业

1. 作业前准备

作业前准备工作见表 5–1。

表 5–1　　作业前准备

准备项目	准备内容
1. 图样资料	相关图样和技术文件
2. 安全用具	安全帽三顶
3. 工器具	组合工具一套；手套三副
4. 材料	（1）10kV 备用电流互感器一台； （2）其他消耗性材料
5. 办理相关手续	提交停电申请，填写第一种工作票

特别注意：禁止雨、雪、雾等恶劣天气情况下作业。

2. 作业风险评估

作业开始前，应结合设备的运行情况进行风险评估，见表 5–2。并结合实际情况，采取相应的控制措施。

表 5–2　　作业风险评估

作业内容	危害名称	风险种类	风险范畴	风险控制措施
10kV 开关柜内电流互感器更换作业	狭小的作业空间	碰伤	人身风险	应避开开关等可动作设备的传动部分，同时确认开关的储能电源已断开，开关机构已泄能
	二次线接线错误造成短路或开路；低压交流电源或直流反馈造成触电	设备停运	设备风险	拆线时做好标记和记录，接线时认真校对；取下熔断器，确认无电压后，方可开始工作
	触电	触电	人身风险	作业时与带电设备保持足够的安全距离，相邻的运行设备应有明显的隔离措施，防止走错间隔造成人身或设备伤害

注　本风险评估表只作为参考，应根据现场实际情况分析处理。

3. 作业过程

作业开始前，工作负责人必须对其他工作班成员进行安全交底，交底的内容包括工作任务、停电范围、带电部位、安全措施及布置、操作注意事项，并对工作班成员进行危险点和相应控制措施的告知。具体作业过程见表 5–3。

表 5–3 作 业 过 程

作业步骤	作业标准及质量	作业记录
1. 电流互感器更换前准备	检查瓷质部分外观应清洁、完整无破损；产品技术文件应齐全、合格；规格型号如变比、极性、电压等级、伏安特性等相同一致；电流互感器无机械损伤；有本公司绝缘试验合格证明	
2. 原电流互感器拆卸	不损坏周围设备，保护和仪表的二次接线标记齐全	
3. 新的电流互感器安装	无损伤，安装位置与原来一样，同一种类型、同一电压等级的，并列安装在同一表平面上，中心线和极性方向一致，二次接线正确	
4. 电流互感器接地处理	可靠接地，二次无开路，备用二次短路并接地	
5. 清扫	清扫工作范围内相关设备上表面灰尘	
6. 工作现场清理	无任何遗留物，做到工完、料尽、场地清	
7. 填写检修记录	检修记录应真确、齐全、完备	

（二）任务二　电流互感器变比更改作业

1. 作业前准备

作业前准备工作见表 5–4。

表 5–4 作 业 前 准 备

准备项目	准 备 内 容
1. 图样资料	电流互感器安装使用说明书
2. 安全用具	安全帽三顶；6m 绝缘梯一把、安全带一副
3. 工器具	组合工具一套；手套三副
4. 材料	（1）10kV 备用电流互感器一台； （2）其他消耗性材料
5. 办理相关手续	提交停电申请，填写第一种工作票

2. 作业风险评估

作业开始前，应结合设备的运行情况进行风险评估，见表 5–5。并结合实际情况，采取相应的控制措施。

表 5–5　　作 业 风 险 评 估

作业内容	危害名称	风险种类	风险范畴	风险控制措施
电流互感器变比更改作业	渗漏油环境污染	环境污染	环境	（1）工作前仔细检查加油工器具，无漏油； （2）工作中小心谨慎
	油滑的设备、地面	摔伤	人身风险	（1）严格执行检修规程，规范操作及时清洁设备及地面的油污； （2）现场工作人员互相监护与提醒； （3）在设备上方作业，必须打安全带
	带油设备失火	设备失火	设备风险	工作场所禁止吸烟、火焊
	二次线接线错误造成短路或开路；低压交流电源或直流反馈造成触电	设备停运	设备风险	拆线时做好标记和记录，接线时认真校对； 取下熔断器，确认无电压后，方可开始工作
	工作班人员失足	坠落	人身风险	（1）上设备前检查登梯是否有异物、防滑措施及合格标签； （2）上设备前检查安全带是否有破损、固定环牢固及合格标签； （3）监护人监督使用人员进行使用前检查

注　本风险评估表只作为参考，应根据现场实际情况分析处理。

3. 作业过程

作业开始前，工作负责人必须对其他工作班成员进行安全交底，交底的内容包括工作任务、停电范围、带电部位、安全措施及布置、操作注意事项，并对工作班成员进行危险点和相应控制措施的告知，具体作业过程见表 5–6。

表 5–6　　作 业 过 程

作业步骤	作业标准及质量	作业记录
1. 处理前记录	记录当前变比	
2. 拆除电流互感器顶部 L1、L2 两端的一次绕组变比连接件	紧固螺钉要保存好方便重新安装	
3. 根据要求进行变比连接件的变串	按系统额定电压或要求对 L1、L2 两端变比连接件用变串、并联的方式获取达到更改变比的要求	
4. 紧固两端的一次绕组变比连接件	（1）清洁连接件； （2）紧固经过变串后的电流互感器顶部 L1、L2 两端的一次绕组变比连接件，注意用力均匀，特别是涉及 SF_6 气体泄漏的敏感位置应小心谨慎	

续表

作业步骤	作业标准及质量	作业记录
5. 试漏检查	电流互感器顶部一次绕组变比连接件紧固位置经过拆接后可能导致气体或变压器油泄漏，需要进行检查，发现漏点进行处理	
6. 待试验人员试验	记录改后变比	
7. 恢复接线	注意做好清洁	
8. 清理现场	现场无遗留物品	
9. 填写检修记录	检修记录应真确、齐全、完备	

（三）任务三　油浸式互感器渗漏油处理作业

1. 作业前准备

作业前准备工作见表 5–7。

表 5–7　　作 业 前 准 备

准备项目	准 备 内 容
1. 图样资料	互感器安装使用说明书
2. 安全用具	安全帽三顶；8m 绝缘梯一把；安全带两副
3. 工器具	组合工具一套；手套三副
4. 材料	变压器油、清洁布、白皮纸、清洗水、密封胶垫等备件
5. 办理相关手续	提交停电申请，填写第一种工作票

2. 作业风险评估

作业开始前，应结合设备的运行情况进行风险评估，见表 5–8。并结合实际情况，采取相应的控制措施。

表 5–8　　作 业 风 险 评 估

作业内容	危害名称	风险种类	风险范畴	风险控制措施
油浸式互感器渗漏油处理作业	渗漏油环境污染	环境污染	环境	（1）工作前仔细检查加油工器具，无漏油； （2）工作中小心谨慎
	油滑的设备、地面	摔伤	人身风险	（1）严格执行检修规程，规范操作，及时清洁设备及地面的油污； （2）现场工作人员互相监护与提醒； （3）在设备上方作业，必须打安全带

续表

作业内容	危害名称	风险种类	风险范畴	风险控制措施
油浸式互感器渗漏油处理作业	带油设备失火	设备失火	设备风险	工作场所禁止吸烟、火焊
	高空坠落	坠落	人身风险	（1）上设备前认真检查登梯、安全工器具、安全带； （2）高空作业专人监护
	互感器上的尖角毛刺	碰上	人身风险	储油柜、金属膨胀器、瓷件、底座、引线等清扫、检查、螺钉紧固时作业人员必须戴好安全帽，正确使用安全带，穿防滑性能良好的软底鞋；工作位置要选择适当，身体和手不能停放在受力方向和坚硬物件之间

注 本风险评估表只作为参考，应根据现场实际情况分析处理。

3. 作业过程

作业开始前，工作负责人必须对其他工作班成员进行安全交底，交底的内容包括工作任务、停电范围、带电部位、安全措施及布置、操作注意事项，并对工作班成员进行危险点和相应控制措施的告知。具体作业过程见表 5–9。

表 5–9　　作 业 过 程

作业步骤	作业标准及质量	作业记录
1. 查找漏点	直观查找并确认渗漏点，将漏点周围清理干净	
2. 互感器二次接线端子渗漏处理	紧固二次接线端子小套管螺钉，用布擦拭干净油污，观察是否仍有渗漏	
3. 互感器器身渗漏	紧固互感器本体瓷套法兰螺钉，用布擦拭干净油污，观察是否仍有渗漏	
4. 检查互感器油位	互感器应在正常水平	
5. 互感器顶部渗漏，拆卸顶罩	拆卸旧式顶罩时，螺钉普遍存在锈蚀，注意松螺钉的技巧，防止螺钉滑丝	
6. 排空顶部膨胀器内绝缘油	排油时注意连接好排油管，防止绝缘油溅洒	
7. 拆除膨胀器	拆除膨胀器时做好标记，搬离膨胀器后，注意工具的摆放，防止小物件跌落互感器内部	
8. 取出绝缘纸板	将绝缘纸板用透明塑料薄膜包好防止沾上泥沙等杂质	
9. 紧固互感器内部一次接线板逼紧螺钉	紧固螺钉过程中防止工具的跌落互感器内部，紧固螺钉不可盲目用力，应边紧固，边用抹布拭擦干净油污，静止观察渗漏情况	

续表

作业步骤	作业标准及质量	作业记录
10. 回装绝缘纸板	正确放置绝缘纸板的位置	
11. 回装膨胀器	按照标记位置回装膨胀器，回装过程同样要杜绝小物件跌落互感器内部	
12. 对膨胀器注油	使用专用工具对膨胀器注油，注意注油过程中防止油污溅洒	
13. 排净空气	充分排净膨胀器内部空气，排净空气后上紧顶部密封螺钉	
14. 回装顶罩	回装前用布拭擦膨胀器表面的油污及灰尘，确认没有遗留工具，顶罩观察窗位置正确	
15. 清理现场	现场无遗留物品	
16. 填写检修记录	检修记录应真确、齐全、完备	

五、项目实施

（1）将学员分为三个小组，每个小组分别对应上述的三个工作任务，要求在实际操作工作前，所有学员必须熟悉上述操作步骤，对危险点进行评估，并采取相应控制措施后方可开始工作。工作中，选定一名工作负责人，负责协调和组织，并在工作工程中认真监护，确保工作的安全。

（2）在三个小组都完成自己的工作任务后，三个小组互相交换工作任务，直到所有任务全部完成，并且确保所有小组成员都能掌握相关操作方法。

（3）待所有学员都完成三个任务的工作后，老师根据学员的表现，分别对每个任务进行任务评价。

六、项目评价

任务一至任务三的项目评价表分别见表 5–10～表 5–12。

表 5–10　　任务一项目评价表

实施时间	30min	项目编码		项目总分	100
实施方式	实际操作	实施地点		得分汇总	
项目名称	10kV 开关柜内电流互感器更换作业				
需要说明的问题和要求	（1）现场检修设备应做好安全措施； （2）配合人员一名； （3）口头办理工作票				

续表

<table>
<tr><td>实施时间</td><td>30min</td><td>项目编码</td><td></td><td>项目总分</td><td>100</td></tr>
<tr><td>实施方式</td><td>实际操作</td><td>实施地点</td><td></td><td>得分汇总</td><td></td></tr>
<tr><td>工具、材料、设备、场地</td><td colspan="5">10kV 高压开关柜和 10kV 备用电流互感器各一台、常用电工工具、常用量具、消耗性材料</td></tr>
<tr><td rowspan="9">考核标准</td><td>项目步骤（分值）</td><td>质量要求</td><td colspan="2">扣分标准</td><td>得分</td></tr>
<tr><td colspan="4">1. 工作前准备（20 分）</td><td></td></tr>
<tr><td>（1）检修前准备（5 分）</td><td>工器具、材料齐全、着装合理</td><td colspan="2">（1）每缺少一件工器具、材料、备品备件影响检修扣 3 分；
（2）着装影响安全扣 1 分；
（3）拿大量无用工具扣 1 分</td><td></td></tr>
<tr><td>（2）检修资料准备（5 分）</td><td>设备说明书、运行情况资料、检修报告等</td><td colspan="2">每缺少一件必备的技术资料影响检修扣 1 分</td><td></td></tr>
<tr><td>（3）办理工作许可手续（10 分）</td><td>口头正确履行开工手续，核实安全措施</td><td colspan="2">（1）不知道正确履行工作票手续就工作扣 5 分；
（2）不了解工作内容和安全措施扣 3 分；
（3）安全措施叙述不完善扣 2 分</td><td></td></tr>
<tr><td colspan="4">2. 工作过程（65 分）</td><td></td></tr>
<tr><td>（1）电流互感器更换前准备（15 分）</td><td>检查瓷质部分外观应清洁、完整无破损；产品技术文件应齐全、合格；规格型号如变比、极性、电压等级、伏安特性等相同一致；电流互感器无机械损伤；有本公司绝缘试验合格证明</td><td colspan="2">（1）不清楚损坏的电流互感器的型号、变比、极性、伏安特性、准确度等扣 1 分；
（2）不进行外观检查，有缺陷未发现扣 1 分；
（3）不检查技术文件和厂家合格证扣 1 分；
（4）不检查更换的电流互感器的规格型号，如变比、极性、准确度、电压、伏安特性等扣 1 分；
（5）不检查机械损伤扣 2 分；
（6）不检查有无本公司绝缘试验合格证扣 2 分</td><td></td></tr>
<tr><td>（2）原电流互感器拆卸（20 分）</td><td>不损坏周围设备，保护和仪表的二次接线标记齐全</td><td colspan="2">（1）不会拆卸旧互感器扣 5 分；
（2）不检查二次接线有无标记扣 2 分；
（3）拆卸一次接线（硬线）引流线时，损伤接触面扣 3 分；
（4）不先拆除二次线扣 10 分</td><td></td></tr>
</table>

续表

	项目步骤（分值）	质量要求	扣分标准	得分
考核标准	（3）新的电流互感器安装（30分）	无损伤，安装位置与原来一样，同一种类型、同一电压等级的，并列安装在同一表平面上，中心线和极性方向一致，二次接线正确	（1）电流互感器固定不牢固，螺栓不紧扣2分； （2）安装位置与原来不一样或倾斜扣1分； （3）一次接线和设备线夹忘接扣10分； （4）一次接线和设备线夹、硬母线引流线处不涂导电脂或氧化膜不处理扣2分； （5）电流互感器开路扣10分； （6）保护接线及仪表回路接反扣5分； （7）少接一个回路扣5分	
	3. 工作终结验收（15分）			
	（1）清理现场、文明施工（5分）	做到工完、料尽、场地清	不清理现场扣2分，遗留一样工器具或材料扣1分	
	（2）填写检修报告（5分）	齐全、正确	一项不符扣2分	
	（3）办理工作终结手续（5分）	正确口头办理工作终结手续	不办理扣5分	
考评员签字：			日期：	

注　发生重大事故（人身和设备安全事故）、严重违反维修原则和情节严重的野蛮操作等，由指导教师决定是否取消其实际操作资格。

表5–11　　**任务二项目评价表**

实施时间	30min	项目编码		项目总分	100
实施方式	实际操作	实施地点		得分汇总	
项目名称	电流互感器变比更改作业				
需要说明的问题和要求	（1）现场检修设备应做好安全措施； （2）配合人员一名； （3）口头办理工作票； （4）电流互感器安全措施已做好				
工具、材料、设备、场地	（1）提供实际操作场地、电流互感器一组； （2）组合工具一套、6m绝缘梯一把； （3）安全带、安全帽				
考核标准	项目步骤（分值）	质量要求	扣分标准	得分	
	1. 工作前准备（20分）				

续表

	项目步骤（分值）	质量要求	扣分标准	得分
考核标准	（1）检修前准备（5分）	工器具、材料齐全、着装合理	（1）每缺少一件工器具、材料、备品备件影响检修扣3分； （2）着装影响安全扣1分； （3）拿大量无用工具扣1分	
	（2）检修资料准备（5分）	设备说明书、运行情况资料、检修报告等	每缺少一件必备的技术资料影响检修扣1分	
	（3）办理工作许可手续（10分）	口头正确履行开工手续，核实安全措施	（1）不知道正确履行工作票手续就工作扣5分； （2）不了解工作内容和安全措施扣3分； （3）安全措施叙述不完善扣2分	
	2. 工作过程（65分）			
	（1）作业前记录（5分）	记录当前变比及接线	未记录扣10分	
	（2）拆除电流互感器顶部L1、L2两端的一次绕组变比连接件（10分）	紧固螺钉要保存好方便重新安装	（1）不会拆除扣5分； （2）工具使用不正确扣2分	
	（3）根据要求进行变比连接件的变串（25分）	按系统额定电压或要求进行对L1、L2两端变比连接件用变串、并联的方式获取达到更改变比的要求	不会更改扣25分	
	（4）紧固两端的一次绕组变比连接件（10分）	清洁连接件；紧固经过变串后的电流互感器顶部L1、L2两端的一次绕组变比连接件，注意用力均匀，特别是涉及SF_6气体泄漏的敏感位置应小心谨慎	（1）未紧固扣5分； （2）紧固方法不对扣5分	
	（5）试漏检查（10分）	电流互感器顶部一次绕组变比连接件紧固位置经过拆接后可能导致气体或变压器油泄漏，需要进行检查，发现漏点进行处理	未试漏扣10分	
	（6）作业后记录（5分）	记录改后变比	未记录扣5分	

续表

	项目步骤（分值）	质量要求	扣分标准	得分
考核标准	3. 工作终结验收（15 分）			
	（1）清理现场、文明施工（5 分）	做到工完、料尽、场地清	（1）未清理现场扣 2 分； （2）遗留一样工器具或材料扣 1 分	
	（2）填写检修报告（5 分）	齐全、正确	一项不符扣 2 分	
	（3）办理工作终结手续（5 分）	正确口头办理工作终结手续	未办理扣 5 分	
考评员签字：			日期：	

注　发生重大事故（人身和设备安全事故）、严重违反维修原则和情节严重的野蛮操作等，由指导教师决定是否取消其实际操作资格。

表 5–12　　任务三项目评价表

实施时间	30min	项目编码		项目总分	100
实施方式	实际操作	实施地点		得分汇总	
项目名称	油浸式互感器渗漏油处理作业				
需要说明的问题和要求	（1）现场检修设备应做好安全措施； （2）配合人员一名； （3）口头办理和终结工作票； （4）油浸式互感器安全措施已到位				
工具、材料、设备、场地	（1）工具：组合工具一套； （2）设备材料：油浸式互感器一台、清洁布、白皮纸、足量变压器油、密封胶垫等备件				

	项目步骤（分值）	质量要求	扣分标准	得分
考核标准	1. 工作前准备（20 分）			
	（1）检修前准备（5 分）	工器具、材料齐全、着装合理	（1）每缺少一件工器具、材料、备品备件影响检修扣 3 分； （2）着装影响安全扣 1 分； （3）拿大量无用工具扣 1 分	
	（2）检修资料准备（5 分）	设备说明书、运行情况资料、检修报告等	每缺少一件必备的技术资料影响检修扣 1 分	
	（3）办理工作许可手续（10 分）	口头正确履行开工手续，核实安全措施	（1）不知道正确履行工作票手续就工作扣 5 分； （2）不了解工作内容和安全措施扣 3 分； （3）安全措施叙述不完善扣 2 分	

续表

	项目步骤（分值）	质量要求	扣分标准	得分
考核标准	2. 工作过程（65 分）			
	（1）查找漏点（10 分）	直观查找并确认渗漏点，将漏点周围清理干净	（1）少检查一处渗漏点扣 2 分； （2）未清洁干净扣 2 分	
	（2）互感器器身渗漏（10 分）	紧固互感器本体瓷套法兰螺钉，用布拭擦干净油污，观察是否仍有渗漏	不会处理扣 10 分	
	（3）互感器顶部渗漏油处理（30 分）	拆除膨胀器，处理顶部渗漏油	（1）不会拆除膨胀器扣 10 分； （2）工具掉落互感器内部 3 分； （3）不会排空顶部膨胀器内绝缘油扣 5 分； （4）不会处理内部渗漏油扣 10 分； （5）发现缺陷不会处理每项扣 2 分； （6）不会清理油污扣 3 分	
	（4）装回膨胀器、并注油、排气（15 分）	使用专用工具对膨胀器注油，注意注油过程中防止油污溅洒；充分排净膨胀器内部空气，排净空气后上紧顶部密封螺钉；回装前用布拭擦膨胀器表面的油污及灰尘，确认没有遗留工具，顶罩观察窗位置正确	（1）不会组装，不会按说明书组装各扣 3 分； （2）组装程序错误每项扣 1 分； （3）未按要求注油扣 5 分； （4）不会排气扣 2 分	
	3. 工作终结验收（15 分）			
	（1）清理现场、文明施工（5 分）	做到工完、料尽、场地清	（1）未清理现场扣 2 分； （2）遗留一样工器具或材料扣 1 分	
	（2）填写检修报告（5 分）	齐全、正确	一项不符扣 2 分	
	（3）办理工作终结手续（5 分）	正确口头办理工作终结手续	未办理扣 5 分	
考评员签字：			日期：	

注 发生重大事故（人身和设备安全事故）、严重违反维修原则和情节严重的野蛮操作等，由指导教师决定是否取消其实际操作资格。

思考题

1. 电流互感器有什么作用？电流互感器二次回路为什么不允许装熔断器？
2. 互感器的金属膨胀器有什么作用？
3. 10kV及以上等级电压互感器二次侧为什么要有一点接地？
4. 试分析35kV及以上户外电流互感器更换作业的方法、步骤及注意事项。

项目六

变电检修二次回路故障查找及处理

一、学习目标

1. 知识目标

（1）了解电力系统中哪些是一次设备、二次设备；

（2）了解什么是二次回路；

（3）掌握简单二次故障的查找方法及处理方法。

2. 能力目标

（1）会对二次故障处理中可能遇到的风险进行风险分析，并制定相应的控制措施；

（2）能对 VS1 型断路器电动机储能二次故障查找及处理；

（3）能对 VS1 型断路器分、合闸二次电器故障查找及处理。

二、项目分析

由二次设备互相连接，构成对一次设备进行监测、控制、调节和保护的电气回路称为二次回路。在变电检修专业中涉及的二次回路主要是针对断路器、隔离开关操动机构中，对设备进行控制、保护及监测的回路。随着技术的进步和发展，一次设备中二次回路故障的查找及检修已成为变电检修专业必备技能。

本项目通过对电力系统中一次设备断路器、隔离开关操动机构的二次回路的学习，掌握二次回路的识图技巧，能对断路器、隔离开关操动机构中简单的二次故障进行分析及判断，能对一般的二次故障缺陷进行处理，并能对二次故障处理中可能遇到的作业风险进行风险分析和提出控制措施。

三、相关知识

（一）电气一次设备和一次回路与电气二次设备和二次回路

一次设备是指直接生产、输送和分配电能的高压电气设备。它包括发电机、变压器断路器、隔离开关、自动开关、接触器、刀开关、母线、输电线路、电力电缆、电抗器、电动机等。由一次设备相互连接，构成发电、输电、配电或进行其他生产的电气回路称为一次回路或一次接线系统。

二次设备是指对一次设备的工况进行监测、控制、调节、保护，为运行人员提供一次设备运行工况或生产指挥信号所需要的电气设备，如测量仪表、继电器、控制及信号装置、安全自动装置等。通常由电流互感器和电压互感器的二次绕组出线以及直流回路按着一定的要求连接在一起构成的电路，称为二次接线或二次回路。描述二次回路的图样称为二次接线图或二次回路图。

二次回路一般包括控制回路、继电保护回路、测量回路、信号回路、自动装置回路。按交、直流来分，又可分为交流电压和电流回路以及直流逻辑回路。

一次设备是重要的，二次设备也是很重要的。两者构成一个整体，只有二者都处在良好的状态，才能保证电力生产的安全，尤其是在大型的、现代化的电网中，二次设备的重要性更显突出。

所以，从事二次回路施工的工作人员都必须熟悉二次回路的原理，充分理解设计图样的意图，正确方法读懂二次回路图，认真检查二次设备的质量、有效施工，以确保二次回路的正确。作为一个合格的变电检修工，随着时代的进步和技术的发展，我们的工作中涉及机构内部二次检修的工作越来越多，二次回路检修的重要性越显突出，对二次回路的识图，故障分析、查找是必备的技能。

（二）二次回路符号说明

二次回路中的符号分为图形符号、文字标号和回路标号。二次回路图中的图形符号、文字标号和回路标号都有国家的统一规定。

图形符号和文字标号用以表示和区别二次回路图中的电气设备；回路标号用以区别电气设备间相互连接的各种回路。

1. 图形符号

在二次回路图中，所有断路器和继电器的触点，都按照它们在正常状态时的位置来表示。所谓正常位置是指断路器和继电器的线圈未通电无电压、无外力时，它们的触点（对断路器是指其辅助触点）所处的状态。常用图形符号见表 6–1。

表 6–1　　二次回路常用图形符号

图形符号	含义	图形符号	含义	图形符号	含义
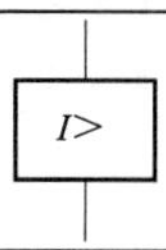	过电流继电器		延时闭合的动合触点		动断按钮
	动合触点		延时断开的动合触点		自动复归按钮
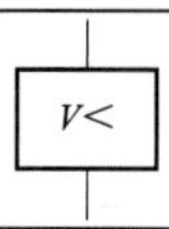	低电压继电器		延时闭合的动断触点	⊗	信号灯

续表

图形符号	含义	图形符号	含义	图形符号	含义
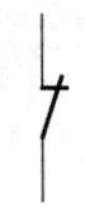	动断触点		延时断开的动断触点	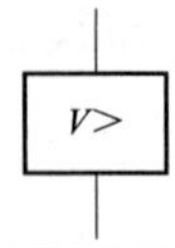	过电压继电器
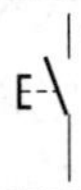	动合按钮				

2. 文字标号

基本文字符号：I、O、J 未采用，区别于 1、0。

辅助文字符号：用以表示电气设备、装置和元器件，以及线路的功能、状态和特征，由英文前一两个字母构成。

文字符号组合形式=基本符号+辅助符号+数字符号

常用的项目种类代号见表 6–2，直流回路数字标号见表 6–3，交流回路数字标号见表 6–4。

表 6–2　　　　二次电路图常用的项目种类代号

回路名称	数字标号组				备注
	I	II	III	IV	
+电源回路	1	101	201	301	
–电源回路	2	102	202	302	
合闸回路	3～31	103～131	203～231	303～331	
绿灯或合闸回路监视继电器的回路	5	105	205	305	①
跳闸回路	33～49	133～149	233～249	333～349	
红灯或跳闸回路监视继电器的回路	35	135	235	335	①
备用电源合闸回路	50～69	150～169	250～269	350～369	②
开关设备的位置信号回路	70～89	170～189	270～289	370～389	
事故跳闸音响回路	90～99	190～199	290～299	390～399	
机组自动控制回路	140～559				
保护回路	01～099 或 J1～J99				
发电机励磁回路	601～699				
信号回路	701～799				

续表

回路名称	数字标号组				备注
	I	II	III	IV	
备用	800～870				
合闸线圈回路	871～879				
隔离开关、开关操作闭锁回路	88～899				
警告信号、个别回路	901～949				
命令信号	950～989				
透平调相机伺服电动机	990～999				

表 6–3　　直流回路数字标号

序号	名称	字母	序号	名称	字母
1	电容器	C	12	断路器	QF
2	保护器件	F	13	隔离开关	QS
3	熔断器	FU	14	电阻器	R
4	发电机	G	15	控制电路的开关（按钮）	S（SB）
5	信号器件	H	16	变压器	T
6	红色信号灯	HR	17	电流互感器	TA
7	绿色信号灯	HG	18	电压互感器	TV
8	继电器（接触器）	K（KM）	19	晶体管	V
9	互感器	L	20	控制电路用电源的整流器	VC
10	电动机	M	21	端子	X
11	电力电路的开关	Q	22	电气操作的机械器件	Y

表 6–4　　交流回路数字标号

序号	回路名称	用途	U 相	V 相	W 相	中性线	零线
1	保护装置及测量仪表电流回路	TA	U401～U409	V401～V409	W401～W409	N401～N409	L401～L409
2		1TA	U411～U419	V411～V419	W411～W419	N411～N419	L411～L419
3		2TA	U421～U429	V421～V429	W421～W429	N421～N429	L421～L429

续表

序号	回路名称	用途	U 相	V 相	W 相	中性线	零线
4	保护装置及测量仪表电流回路	9TA	U491～U499	V491～V499	W491～W499	N491～N499	L491～L499
5		10TA	U501～U509	V501～V509	W501～W509	N501～N509	L501～L509
6		19TA	U591～U599	V591～V599	W591～W599	N591～N599	L591～L599
7	保护装置及测量仪表电压回路	YH	U601～U609	V601～V609	W601～W609	N601～N609	L601～L609
8		1YH	U611～U619	V611～V619	W611～W619	N611～N619	L611～L619
9		2YH	U621～U629	V621～V629	W621～W629	N621～N629	L621～L629
10	经隔离开关辅助触点或继电器切换的电压回路	6～10kV	U（V、W）761～769，N600				
11		35 kV	U（V、W、L）731～739，N600				
12		110 kV	U（V、W、L、S）711～719，N600				
13	绝缘检查电压表的共用回路		U700	V700	W700	N700	
14	母线差动保护共用的电流回路	6～10kV	U360	V360	W360	N360	
15		35 kV	U330	V330	W330	N330	
16		110 kV	U310	V310	W310	N310	
17	控制、保护信号回路		U1～U399	V1～V399	W1～W399	N1～N399	

注 （1）对于开关控制回路内的红灯和绿灯回路，如直接自控制电缆引接时，该回路可用与控制回路电源相同的标号。

（2）在没有备用电源自动投入的安装单位，在接线图中标号 50～69 可作为其他回路的标号，但当回路标号不够用时，可以向后递减。

（3）母线差动保护共用的电流回路，允许用交流控制回路的 301～399 的数字进行标号。

3. 图线的布置

横平竖直，尽可能减少交叉和弯折。

4. 电路或元件的布局

（1）功能布局法：大部分电气图，如系统图、电路图、逻辑图。

（2）位置布局法：接线图、电缆配置图、屏面布置图。

（三）二次图的识图方法

二次回路图的最大特点是逻辑性很强，其设备、元件的动作严格按照设计的先后顺序进行，所以看图时只要抓住一定的规律，便会很容易看懂图样，做到条理清晰。

1. 看二次图样的基本技巧

看图前首先清楚图样上所标符号代表的设备名称，还应弄懂个别元件、继电器的动作逻辑。要很轻松、容易地看懂一张图样，必须掌握如下看图技巧：

先一次，后二次；先交流，后直流；先电源，后接线；先线圈，后触点；先上后下；先左后右。

所谓“先一次，后二次”，就是当图中有一次接线和二次接线同时存在时，应先看一次部分，弄清是什么设备和工作性质，再看对一次部分起监控作用的二次部分，具体起什么监控作用。

“先交流，后直流”，就是当图中有交流和直流两种回路同时存在时，应先看交流回路，再看直流回路。交流回路一般由电流互感器和电压互感器的二次绕组引出，直接反映一次设备接线的运行状况，先把交流回路看懂后，根据交流回路的电气量及在系统发生故障时这些电气量的变化特点，对直流回路进行逻辑推断，再看直流回路就要容易一些了。

“先电源，后接线”，就是不论在交流回路还是直流回路中，二次设备的动作都是由电源驱动的，所以在看图时，应先找到电源，再由此顺回路接线往后看，交流沿闭合回路依次分析设备的动作，直流从正电源沿接线找到负电源，并分析各设备的动作。

“先线圈，后触点”，就是要分析触点的动作情况，必须先找到继电器或装置的线圈，因为只有线圈通电，其相应触点才会动作，由触点的通断引起回路的变化，进一步分析整个回路的动作过程。一张图中，线圈和其触点是紧密相连的，遇线圈找触点，遇触点找线圈，这是迅速看图的一大技巧。

“先上后下”和“先左后右”，二次接线图样都是按照保护装置或回路的动作逻辑先后顺序，从上到下，从左至右的画出来的。端子排图、屏背面接线图也是这样布置的。所以看图时，先上后下，从左至右的看，是符合保护动作逻辑的，更容易看懂图样。

端子排图要与几张展开图结合起来看，单纯看端子排图，只是一系列的数字和线条，看不出什么来，只有结合起来，才能连成一个完整的回路，就能理解回路图样了。

2. 现场看图的常用方法

现场工作中，看懂二次回路工作原理的常用方法有：

（1）直流回路从正极到负极：如控制回路、信号回路等。从一个回路的直流正极开始，按照电流流动的方向，看到负极为止。

（2）交流回路从火线到中性线：如电流、电压回路，变压器的风冷回路。从一个回路的相线（A、B、C 相）开始，按照电流的流动方向，看到中性线（N 极）为止。

（3）见接点找线圈，见线圈找接点：见到接点即要找到控制该接点的继电器或接触器的线圈位置。线圈所在的回路是接点的控制回路，以便分析接点动作的条件。见线圈找出它的所有接点，以便找出该继电器控制的所有接点（对象）。这也是前面说到的。

（4）利用欧姆定律分析判断继电器是否动作：判别的依据是，电压型线圈的两端加有足够大的电压，电流型线圈的两端加有足够大的电流。

（5）看完所有支路：当某一回路，从正极往负极看回路时，若中间有多个支路连往负极，则每个支路必须看完；否则分析回路的就会漏掉部分重要的情况。

（6）利用相对编号法、回路标号弄清安装图与展开图的接线原理图中设备的对应关系。核查安装图与展开图对应关系的主要目的：第一是检查安装图是否与展开图相对应；第二是弄清展开图中各设备在现场的位置。从安装图（如保护屏端子排接线图）查清某个端子排的端子在展开图中的位置，则先查出该端子上所在的回路标号，再查出展开图中回路标号，相同的回路标号即同个回路，即可在展开图中迅速找到该回路，在展开图查明它在整个回路中的作用。若手上只有安装图或者发现安装图与展开图的原理接线图无法对应，则从安装图中每个的设备端子上所标的编号，依据相对编号法，查到该所连接的另外设备的端子，然后再查出该端子所连接另外设备，直到查到直流电源的正负极或交流回路的相线和中性线为止。最后把整个相关的回路都查出来，画成图后可分析连接是否符合动作原理。当想弄清展开图上设备的位置时，则一是利用展开图上的设备表提供的位置，然后去相应的安装图上查找。二是先弄清展开图中的端子符号，哪些是屏柜端子排的端子，哪些是（保护或自动）装置的端子，然后直接去可能的屏柜、端子箱中查找。

（7）识图特殊问题的解决方法。

1）如何用设备的实际状态（现场能看到的设备状态）来描述回路或继电器的动作条件：先以回路的接点分、合状态来描述回路的条件，然后根据接点的分、合状态与设备状态的对应关系，替换描述（如用开关机构箱的“远/近控切换开关”在“远方”位置来代替“远/近控切换开关”在远方控制回路中的接点状态）。必须逐步形成这一能力，否则看图样将停留在原始状态，只能看到接点的分、合和继电器的是否励磁，无法与运行中设备状态的监视和操作结合起来。

2）如何弄清展开图中的部分采用方框画法设备与外部其他部分的连接？先查清方框画法设备的端子编号，然后利用能展示该设备内部接线图的装置说明书或厂家图，在这些图样中找到往外部连接的端子编号，再与内部回路连接起来，然后通过往外连接的端子再与外部回路联系起来。

3. 二次看图的注意事项

（1）虽然在一套二次图样中最重要的图样为控制及信号回路图、电流和电压回路图、保护屏端子排图及开关的安装接线图，看图时应熟悉这几份图样，但不能忽略其他图样的辅助作用，否则可能事倍功半，卡在某个问题出不来或漏掉一些特殊的回路。

（2）记忆一些常用的回路编号和图形符号，看图时则会大大加速看懂图样的速度。

（3）特别留意值班员操作的设备，如电源保险、空气开关、切换开关，它们在图样中位置及所起的作用，必须查清它们在现场的实际位置。

4. 原理图、展开图

（1）原理图。二次回路的原理图是体现二次回路工作原理的图样，且是绘制展开图和安装图的基础。所有的一次设备和二次设备，都以整体的形式在图样中表示出来。例如，相互连接的电流回路、电压回路、直流回路等，是综合在一起的。这种接线图的优点是能够使看图者对整个二次回路的构成及动作过程有一个整体概念。

原理图存在的一些缺点是：

1）只能表示出继电保护装置的主要元件，而对细节之处则无法表示。

2）不能反应继电器之间连接线的实际位置，不便于维护和调试。

3）不能反应出各元件内部的接线情况，如端子编号。

4）标注的直流正极、负极比较分散。

5）很难表现复杂的继电保护装置。

原理图主要用于体现继电保护和自动装置的一般工作原理和装置设备的构成，无法说明各元件之间的具体连接情况，更没有标明具体的接线端子和回路编号，因此原理图不能用于现场施工，在现场工作中广泛采用展开图。断路器液压机构储能回路图如图 6–1 所示。

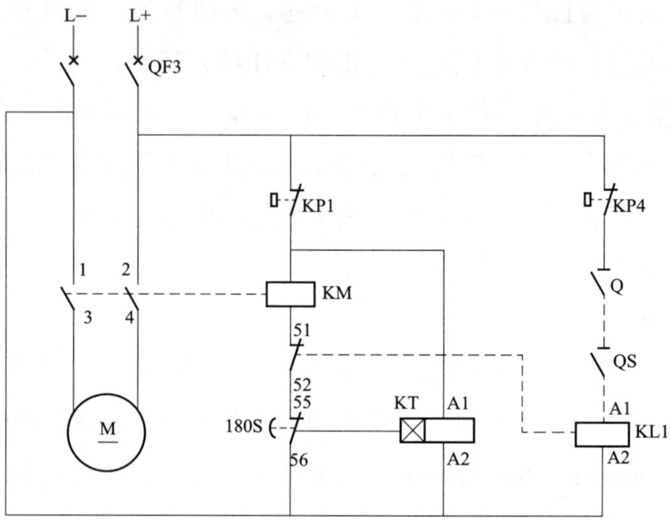

图 6–1　断路器液压机构储能回路图

(2）展开图。展开图是根据原理接线图绘制的。展开图是将二次设备按其线圈和触点的接线回路展开分别画出的，组成多个独立回路，是安装、调试和检修的重要技术图样，也是绘制安装接线图的主要依据。

展开图的特点如下：

1）按不同的电源回路划分成多个独立回路。主要有交流电流回路和交流电压回路、直流回路。直流回路按其作用可分为控制回路、合闸回路、测量回路、保护回路和信号回路等。在这些回路中，各继电器的动作顺序是自上而下、自左而右排列的。

2）展开图的画图特点是基于能方便地看出动作顺序及清晰地了解同类回路的连接次序。它是将继电器的组成部分分拆展开表示。例如，一个继电器，其线圈在所属的二次电流回路，其触点在所属的直流回路中。同一元器件的线圈、触点的文字符号是一样的。

3）继电器和每一个小逻辑回路的作用都在展开图的右侧注明。

4）各导线、端子都有统一规定的回路编号和标号，便于分类查找、施工和维修。

5）图上画出的触点状态是未通电、未动作的状态。

6）对于展开图中个别的继电器，或该继电器的触点在另一张图中表示，或在其他安装单位中有表示，都在图样上说明去向，对任何引进触点或回路也说明来处。

7）直流正极按奇数顺序标号，负极回路则按偶数顺序编号。回路经过元件（如线圈、电阻，电容等）后，其标号也随着改变。

8）常用的回路都给以固定的编号，如跳闸回路用 33、133、233、333 等，合闸回路用 3、103 等。

9）交流回路的标号除用三位数外，前面加注文字符号。交流回路使用的数字范围是：电压回路为 600～799；电流回路为 400～599。它们的个位数字表示不同的回路，十位数字表示互感器的组数。回路使用的标号组，要与互感器文字符号前的“数字序号”相对应。例如，1TA 电流互感器的 A 相电路标号应是 A411～A419；电压互感器 2TV 的 A 相回路标号是 A621～A629。

展开图上凡与屏外有联系的回路编号，均应在端子排图上占据一个位置。展开图中二次设备接线关系清晰，动作顺序层次分明，便于读图和分析，但现场安装施工需要更具体的安装接线图。线路过电流保护展开图如图 6–2 所示。

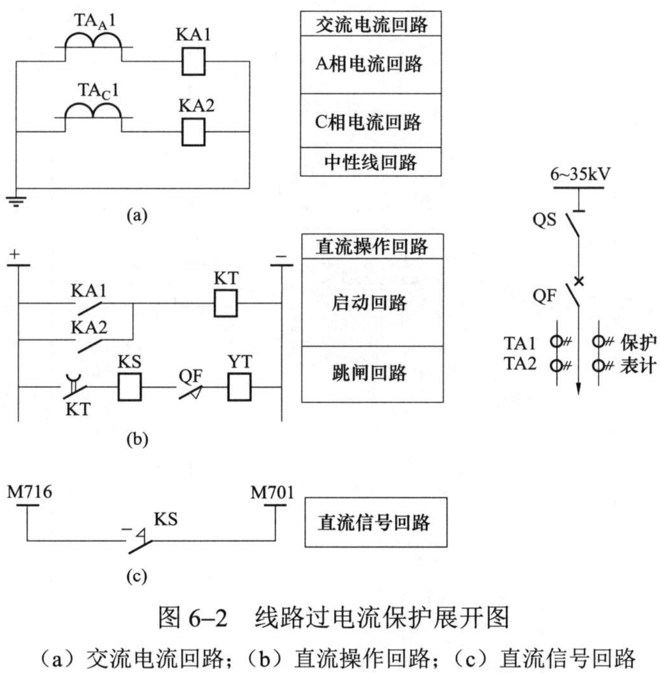

图 6–2　线路过电流保护展开图

（a）交流电流回路；（b）直流操作回路；（c）直流信号回路

5. 断路器的基本控制回路

本节简单描述一下断路器控制回路的基本原理，由最基本的回路入手，逐步加入防跳回路和闭锁回路，并对电路做一些完善。本节所给出的回路原理图仅仅是最最基本的、用于解释其基本原理的，实际应用中的回路要复杂得多。

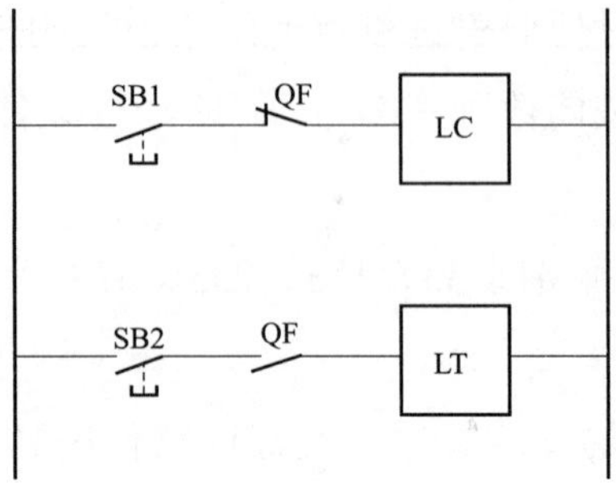

图 6–3　断路器分/合闸基本原理

SB1—合闸开关；SB2—分闸开关；QF—断路器辅助触点；LC—合闸线圈；LT—分闸线圈

（1）最基本的回路原理图如图 6–3 所示。

其动作原理很简单，合闸：SB1 按下，电流接通，LC 动作，机构合闸，QF 切换；分闸：SB2 按下，电流接通，LT 动作，机构合闸，QF 切换。

（2）增加防跳回路。上面的回路存在一个问题：如果 SB1 按下，而此时电路中存在故障，继电保护设备会立即动作，使断路器跳闸，此过程几乎瞬时发生，而操作人员尚来不及松开 SB1，则 SB1 回路中的 QF 由于断路器跳闸而复又闭合，此时会导致 LC 再次得电，断路器再次合闸。如此往复，发生了“跳跃”。如果合闸成功，但 SB1 由于某种原因黏连而无法断开，那么在操作人员按下 SB2 进行分闸时，由于 SB1 黏连，同样会导致跳跃现象的发生。

跳跃现象对设备和操作人员的安全均构成很大危害，所以需要增加防跳回路。

增加了防跳回路的原理图如图 6–4 所示。

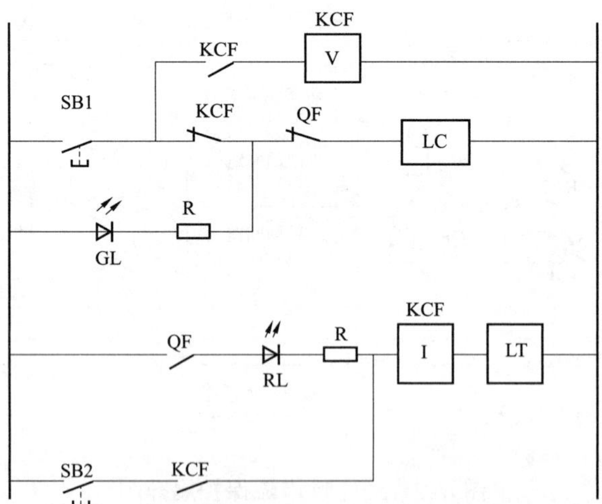

图 6–4　带防跳回路的分/合闸二次回路

图 6–4 中，KCF（I）表示电流防跳继电器，电流达到限定值时动作，此回路中，防止合闸于故障时的跳跃；KCF（V）表示电压防跳继电器，电压达到限定值时动

作，此回路中，防止分闸于故障时的跳跃。

动作过程如下：

合闸：SB1 按下→绿灯（GL）失电熄灭，LC 得电→断路器合闸→QF 改变状态→红灯（RL）亮，KCF（I）得电（由于有 RL 和 R 的限流，分闸线圈 LT 不足以动作）→KCF 各辅助触点改变状态→KCF（V）得电。

达到上述状态，则合闸动作完成，此过程几乎瞬时完成，SB1 尚来不及松开。

若此时由于故障，保护装置使断路器跳闸，则由于 KCF（V）的保持作用，SB1 回路经 KCF 辅助触点改道 KCF（V）回路，不会再使 LC 得电，也就避免了断路器的再次合闸，从而避免了跳跃的发生。如果回路没有故障，则合闸成功。此时松开 SB1，则 KCF（V）失电，但由于 KCF（I）依然得电，则 KCF 的各个辅助触点保持。

分闸：SB2 按下→RL 失电熄灭，LT 得电且达到限定电流动作→断路器分闸→QF 恢复到图中初始状态→KCF（I）失电→正常状态下，KCF（V）已在合闸成功、松开 SB1 后失电，故此时 KCF（I）、KCF（V）均失电→各 KCF 辅助触点恢复图中初始状态，GL 回路导通，绿灯亮（由于有 GL 和 R 的限流，LC 合闸线圈不足以动作）。

达到上述状态，则分闸动作完成，此过程几乎瞬时完成，SB2 尚来不及松开。

若由于故障，最典型如 SB1 粘连，则分闸过程表述中的蓝字部分有所不同：KCF（V）在合闸成功后，由于 SB1 的粘连而继续得电，各 KCF 辅助触点将保持。此时，SB1 回路将不会使 LC 再次得电而导致断路器合闸，从而避免了跳跃现象的发生。

（3）增加闭锁回路。增加了防跳回路的控制回路已得到了一定的完善，但是仍存在问题：例如，断路器的操动系统存在问题（液压、气压过高或过低，弹簧储能尚未完成等），此时进行分、合闸操作，则很容易导致分、合闸的动作失败。例如，断路器的操动机构为弹簧，若弹簧储能未完成，则分、合闸动作不能完成，或完成得不到位，容易对设备造成损害，所以需增加闭锁回路，防止此类情况发生。下面以弹簧操动机构的断路器举例，简要说明一下增加弹簧储能闭锁回路的二次回路。原理图如图 6–5 所示。

图 6–5 中，B1 在弹簧储能未完成时闭合。若弹簧储能未完成，则 B1 闭合，线圈 K3、KL 得电，最终导致辅助触点 KL、K10 跳开，此时无论是合闸还是分闸均无法实现，起到了所期望的闭锁效果。

（4）高压隔离开关电动控制回路，如图 6–6 所示。

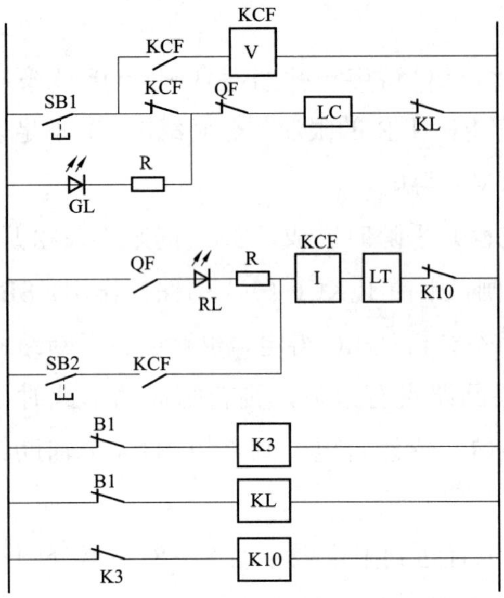

图 6–5　带闭锁回路的二次回路

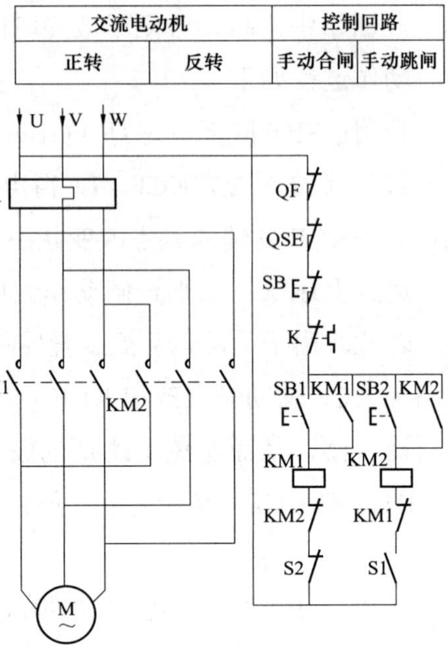

图 6–6　隔离开关电动控制回路

M—电动机；KM1—合闸接触器；KM2—跳闸接触器；K—热继电器；SB1—合闸按钮；SB2—跳闸按钮；S1、S2—隔离开关终端开关触点

合闸过程：当隔离开关处于分闸位置，S2 在分闸终端位置时，按下合闸按钮 SB1 启动合闸接触器 KM1，使 M 正向转动，进行合闸，并通过 KM1 的常开触点自保持，使隔离开关合闸到位。合闸后，S2 断开，S1 合上，KM1 失电返回，M 停止转动。

四、方法与步骤

二次回路是电力系统安全生产、经济运行、可靠供电的重要保障，是电力系统重要组成部分，在工作中掌握一次设备操动机构中基本的二次回路故障查找及处理已成为变电检修工必备的工作技能。为了使学员更好地快速掌握操动机构二次回路的基本原理和检修工艺，本课程专门设计了以下三个项目：① VS1（ZN 63）型真空断路器分闸失灵故障处理作业；② VS1（ZN 63）型真空断路器合闸失灵故障处理作业；③ CJ6 型隔离开关操动机构二次故障处理作业。

本书所列举的操作方法及检修工艺全部以 VS1（ZN 63）型真空断路器及 CJ6 型隔离开关电动操动机构为例。

（一）任务一　VS1（ZN 63）型真空断路器分闸失灵故障处理作业

1. 作业前准备

作业前准备工作见表 6–5。

表 6–5　　作 业 前 准 备

准备项目	准 备 内 容
1. 图样资料	断路器二次控制回路图
2. 安全用具	安全帽三顶
3. 工器具	组合工具一套；手套三副；万用表一只
4. 材料	分/合闸线圈各一个，绝缘胶带一卷
5. 办理相关手续	提交停电申请，填写第一种工作票

2. 作业风险评估

作业开始前，应结合设备的运行情况进行风险评估，见表 6–6。并结合实际情况，采取相应的控制措施。

表 6–6　　作 业 风 险 评 估

作业内容	危害名称	风险种类	风险范畴	风险控制措施
VS1（ZN 63）型真空断路器分闸失灵故障处理作业	储能的断路器机构	打击或剪切	人身风险	在工作前由工作负责人和监护人相互监督提醒断开断路器的二次控制电源，并将机构能量释放
	二次线接错	设备损坏	设备风险	（1）执行作业流程和规范； （2）合理安排胜任人员，接线时做好标记； （3）进行现场作业监护
	触电	触电	人身风险	作业人员与带电体应保持足够的安全距离。必要时，采用接地线短接已停电部位与地之间，防止感应电伤人
	遗留在开关柜内的工器具	设备烧损	设备风险	（1）对工器具进行定置摆放； （2）结束工作前工作负责人按工具箱清册对工具进行清点，并对工作现场再次进行检查
	带有尖角的二次电缆	割伤	人身风险	（1）打开机构箱后不要盲目工作，先看清楚内部结构在动手； （2）工作中戴上手套，穿工作服，保证手臂无外漏部分

注　本风险评估表只作为参考，应根据现场实际情况分析处理。

3. 作业过程

作业开始前，工作负责人必须对其他工作班成员进行安全交底，交底的内容包括工作任务、停电范围、带电部位、安全措施及布置、操作注意事项，并对工作班成员进行危险点和相应控制措施的告知。具体作业过程见表 6–7。

表 6–7　　作　业　过　程

作业步骤	作业标准及质量	作业记录
1. 检修前准备	工器具、材料齐全、着装合理	
2. 检修资料准备	准备有设备说明书、运行情况资料、检修报告等	分（合）线圈电阻：Ω
3. 办理工作许可手续	口头正确履行开工手续，核实安全措施	分（合）线圈电阻：Ω
4. 开工前检查及准备： （1）工器具摆放整齐； （2）弹簧能量应进行释放； （3）断路器在分位	整洁、不杂乱； 应释放； 断路器在分位	
5. 进行手动、电动分闸	会进行手动、电动分闸操作	
6. 根据手动、电动分闸情况判断出主要是机械故障、还是电气故障	先进行手动分闸，检查分闸构件的动作情况	
7. 释放断路器能量	弹簧机构：断开断路器操作及储能电源后，合–分一次断路器	
8. 故障处理	针对手动、电动分闸的情况进行故障查找	
9. 确认故障处理完毕	手动、电动操动机构 2～3 次确认故障处理完毕	
10. 清理现场、文明施工	做到工完、料尽、场地清	
11. 填写检修记录	齐全、正确	
12. 办理工作终结手续	正确口头办理工作终结手续	

（二）任务二　VS1（ZN 63）型真空断路器合闸失灵故障处理作业

1. 作业前准备

作业前准备工作见表 6–8。

表 6–8　　作业前准备

准备项目	准　备　内　容
1. 图样资料	断路器二次控制回路图
2. 安全用具	安全帽三顶
3. 工器具	组合工具一套；手套三副；万用表一只
4. 材料	分/合闸线圈各一个，绝缘胶带一卷
5. 办理相关手续	提交停电申请，填写第一种工作票

2. 作业风险评估

作业开始前，应结合设备的运行情况进行风险评估，见表 6–9。并结合实际情况，采取相应的控制措施。

表 6–9　　作业风险评估

作业内容	危害名称	风险种类	风险范畴	风险控制措施
VS1（ZN63）型真空断路器合闸失灵故障处理作业	储能的断路器机构	打击或剪切	人身风险	在工作前由工作负责人和监护人相互监督提醒断开断路器的二次控制电源，并将机构能量释放
	二次线接错	设备损坏	设备风险	（1）执行作业流程和规范； （2）合理安排胜任人员，接线时做好标记； （3）进行现场作业监护
	触电	触电	人身风险	作业人员与带电体应保持足够的安全距离。必要时，采用接地线短接已停电部位与地之间，防止感应电伤人
	遗留在开关柜内的工器具	设备烧损	设备风险	（1）对工器具进行定置摆放； （2）结束工作前工作负责人按工具箱清册对工具进行清点，并对工作现场再次进行检查
	带有尖角的二次电缆	割伤	人身风险	（1）打开机构箱后不要盲目工作，先看清楚内部结构再动手； （2）工作中戴上手套，穿工作服，保证手臂无外漏部分

注　本风险评估表只作为参考，应根据现场实际情况分析处理。

3. 作业过程

作业开始前，工作负责人必须对其他工作班成员进行安全交底，交底的内容包括工作任务、停电范围、带电部位、安全措施及布置、操作注意事项，并对工作班成员进行危险点和相应控制措施的告知。具体作业过程见表 6–10。

表 6–10 作 业 过 程

作业步骤	作业标准及质量	作业记录
1. 检修前准备	工器具、材料齐全、着装合理	
2. 检修资料准备	准备有设备说明书、运行情况资料、检修报告等	分（合）线圈电阻：Ω
3. 办理工作许可手续	口头正确履行开工手续，核实安全措施	分（合）线圈电阻：Ω
4. 开工前检查及准备： （1）工器具摆放整齐； （2）弹簧能量应进行释放； （3）断路器在分位	整洁、不杂乱； 应释放； 断路器在分位	
5. 进行手动、电动分闸	会进行手动、电动分闸操作	
6. 根据手动、电动分闸情况判断出主要是机械故障、还是电气故障	先进行手动合闸，检查合闸构件的动作情况	
7. 释放断路器能量	弹簧机构：断开断路器操作及储能电源后，合–分一次断路器	
8. 故障处理	针对手动、电动分闸的情况进行故障查找	
9. 确认故障处理完毕	手动、电动操动机构 2～3 次确认故障处理完毕	
10. 清理现场、文明施工	做到工完、料尽、场地清	
11. 填写检修记录	齐全、正确	
12. 办理工作终结手续	正确口头办理工作终结手续	

（三）任务三 CJ6 型隔离开关操动机构二次故障处理作业

1. 作业前准备

作业前准备工作见表 6–11。

表 6–11 作 业 前 准 备

准备项目	准 备 内 容
1. 图样资料	相关图样和技术文件
2. 安全用具	安全帽三顶
3. 工器具	组合工具一套；手套三副；套筒扳手一套
4. 材料	CJ6 型隔离开关操动机构一台，备品备件、消耗性材料
5. 办理相关手续	提交停电申请，填写第一种工作票

2. 作业风险评估

作业开始前，应结合设备的运行情况进行风险评估，见表 6–12。并结合实际情况，采取相应的控制措施。

表 6–12　　作 业 风 险 评 估

作业内容	危害名称	风险种类	风险范畴	风险控制措施
CJ6 型隔离开关操动机构二次故障处理作业	转动的齿轮机构	打击或剪切	人身风险	在工作前由工作负责人和监护人相互监督提醒断开操动机构箱的二次控制电源
	二次线接错	设备损坏	设备风险	（1）执行作业流程和规范； （2）合理安排胜任人员，接线时做好标记； （3）进行现场作业监护
	触电	触电	人身风险	作业人员与带电体应保持足够的安全距离。必要时，采用接地线短接已停电部位与地之间，防止感应电伤人
	遗留在开关柜内的工器具	设备烧损	设备风险	（1）对工器具进行定置摆放； （2）结束工作前工作负责人按工具箱清册对工具进行清点，并对工作现场再次进行检查
	带有尖角的二次电缆	割伤	人身风险	（1）打开机构箱后不要盲目工作，先看清楚内部结构在动手； （2）工作中戴上手套，穿工作服，保证手臂无外漏部分
	擅自改变的安全措施	触电	人身风险	有特殊情况需改变时，需再次确认改变安全措施是否会增加安全风险并征求许可人的同意，并告知所有工作人员

注　本风险评估表只作为参考，应根据现场实际情况分析处理。

3. 作业过程

作业开始前，工作负责人必须对其他工作班成员进行安全交底，交底的内容包括工作任务、停电范围、带电部位、安全措施及布置、操作注意事项，并对工作班成员进行危险点和相应控制措施的告知。具体作业过程见表 6–13。

表 6–13　　作 业 过 程

作业步骤	作业标准及质量	作业记录
1. 检修前准备	工器具、材料齐全、着装合理	
2. 检修资料准备	准备有设备说明书、运行情况资料、检修报告等	

续表

作业步骤	作业标准及质量	作业记录
3. 办理工作许可手续	口头正确履行开工手续，核实安全措施	
4. 开工前检查及准备：工、器具摆放整齐，安全措施到位，隔离开关在分位	机构二次控制电源空气开关应断开	
5. 进行手动、电动分合闸检查	对机构进行手动、电动分合闸检查，判断故障是在一次机械部分还是二次回路	
6. 故障处理	根据手动、电动检查发现的故障进行故障处理	
7. 确认故障处理完毕	将隔离开关手动操作至中间位置，投上二次电源空开，电动操作，检查隔离开关故障是否处理完毕	
8. 清理现场、文明施工	做到工完、料尽、场地清	
9. 填写检修记录	齐全、正确	
10. 办理工作终结手续	正确口头办理工作终结手续	

五、项目实施

（1）将学员分为三个小组，每个小组分别对应上述的三个工作任务，要求在实际操作工作前，所有学员必须熟悉上述操作步骤，对危险点进行评估，并采取相应控制措施后方可开始工作。工作中，选定一名工作负责人，负责协调和组织，并在工作工程中认真监护，确保工作的安全。

（2）在三个小组都完成自己的工作任务后，三个小组互相交换工作任务，直到所有任务全部完成，并且确保所有小组成员都能掌握相关操作方法。

（3）待所有学员都完成三个任务的工作后，老师根据学员的表现，分别对每个任务进行任务评价。

六、项目评价

任务一至任务三的项目评价表分别见表 6–14～表 6–16。

表 6–14　　　　任 务 一 项 目 评 价 表

实施时间	60min	项目编码		项目总分	100
实施方式	实际操作	实施地点		得分汇总	
项目名称	VS1（ZN 63）型真空断路器分闸失灵故障处理作业				

续表

<table>
<tr><td>实施时间</td><td>60min</td><td>项目编码</td><td></td><td>项目总分</td><td>100</td></tr>
<tr><td>实施方式</td><td>实际操作</td><td>实施地点</td><td></td><td>得分汇总</td><td></td></tr>
<tr><td>需要说明的问题及要求</td><td colspan="5">（1）现场检修设备应做好安全措施；
（2）配合人员一名；
（3）口头办理工作票</td></tr>
<tr><td>工器具、材料、设备场地</td><td colspan="5">提供实际操作场地、KYN28 型开关柜一套、检修电工工具、备品备件、消耗性材料、量具</td></tr>
<tr><td rowspan="10">考核标准</td><td>项目步骤（得分）</td><td>质量标准</td><td colspan="2">扣分标准</td><td>得分</td></tr>
<tr><td>1. 检修前准备（5分）</td><td>工器具、材料齐全、着装合理</td><td colspan="2">每缺少一件工器具、材料、备品备件影响检修扣 3 分，着装影响安全扣 1 分</td><td></td></tr>
<tr><td>2. 检修资料准备（4 分）</td><td>设备说明书、运行情况资料、检修报告等</td><td colspan="2">每缺少一件必备的技术资料影响检修扣 1 分</td><td></td></tr>
<tr><td>3. 办理工作许可手续（5 分）</td><td>口头正确履行开工手续，核实安全措施</td><td colspan="2">不知道正确履行工作票手续就工作扣 5 分，不了解工作内容和安全措施扣 2 分</td><td></td></tr>
<tr><td>4. 开工前检查及准备（10 分）：
（1）工器具摆放整齐
（2）弹簧能量应进行释放；
（3）断路器在分位</td><td>整洁、不杂乱；
应释放；
断路器在分位</td><td colspan="2">不整洁、杂乱扣 2 分；
不释放合闸能量进行缺陷处理扣 5 分；
断路器不在分位进行缺陷处理扣 5 分</td><td></td></tr>
<tr><td>5. 进行手动、电动分闸（6 分）</td><td>会进行手动、电动分闸操作</td><td colspan="2">不会进行手动分闸操作扣 5 分，不会进行电动分闸操作操 3 分</td><td></td></tr>
<tr><td>6. 根据手动、电动分闸情况判断出主要是机械故障、还是电气故障（10 分）</td><td>先进行手动分闸，检查分闸构件的动作情况</td><td colspan="2">不能判断出是机械或电气部分故障扣 10 分</td><td></td></tr>
<tr><td>7. 释放断路器能量（5 分）</td><td>弹簧机构：断开断路器操作及储能电源后，合–分一次断路器</td><td colspan="2">故障处理前不释放能量扣 3 分</td><td></td></tr>
<tr><td>8. 故障处理（35 分）</td><td>针对手动、电动分闸的情况进行故障查找</td><td colspan="2">未查出故障扣 20 分，查出故障点但未处理好扣 20 分</td><td></td></tr>
<tr><td>9. 确认故障处理完毕（5 分）</td><td>手动、电动操动机构 2～3 次确认故障处理完毕</td><td colspan="2">未对处理后的设备进行检查测试扣 3 分</td><td></td></tr>
</table>

续表

<table>
<tr><td rowspan="4">考核标准</td><td>项目步骤（得分）</td><td>质量标准</td><td>扣分标准</td><td>得分</td></tr>
<tr><td>10. 清理现场、文明施工（5 分）</td><td>做到工完、料尽、场地清</td><td>不清理现场扣 2 分，遗留一样工器具或材料扣 1 分</td><td></td></tr>
<tr><td>11. 填写检修记录（5 分）</td><td>齐全、正确</td><td>填写错误、不齐全扣 2 分</td><td></td></tr>
<tr><td>12. 办理工作终结手续（5 分）</td><td>正确口头办理工作终结手续</td><td>不办理工作终结手续扣 2 分，未向监考人员交待检修情况扣 2 分</td><td></td></tr>
<tr><td colspan="3">考评员签字：</td><td colspan="2">考评时间：</td></tr>
</table>

注　发生重大事故（人身和设备安全事故）、严重违反维修原则和情节严重的野蛮操作等，由指导教师决定是否取消其实际操作资格。

表 6–15　　任务二项目评价表

<table>
<tr><td>实施时间</td><td>60min</td><td>项目编码</td><td></td><td>项目总分</td><td>100</td></tr>
<tr><td>实施方式</td><td>实际操作</td><td>实施地点</td><td></td><td>得分汇总</td><td></td></tr>
<tr><td>项目名称</td><td colspan="5">VS1（ZN 63）型真空断路器合闸失灵故障处理作业</td></tr>
<tr><td>需要说明的问题及要求</td><td colspan="5">（1）现场检修设备应做好安全措施；
（2）配合人员一名；
（3）口头办理工作票</td></tr>
<tr><td>工器具、材料、设备场地</td><td colspan="5">提供实际操作场地、KYN28 型开关柜一套、检修电工工具、备品备件、消耗性材料、量具</td></tr>
</table>

<table>
<tr><td rowspan="5">考核标准</td><td>项目步骤（得分）</td><td>质量标准</td><td>扣分标准</td><td>得分</td></tr>
<tr><td>1. 检修前准备（5 分）</td><td>工器具、材料齐全、着装合理</td><td>每缺少一件工器具、材料、备品备件影响检修扣 3 分，着装影响安全扣 1 分</td><td></td></tr>
<tr><td>2. 检修资料准备（4 分）</td><td>设备说明书、运行情况资料、检修报告等</td><td>每缺少一件必备的技术资料影响检修扣 1 分</td><td></td></tr>
<tr><td>3. 办理工作许可手续（5 分）</td><td>口头正确履行开工手续，核实安全措施</td><td>不知道正确履行工作票手续就工作扣 5 分，不了解工作内容和安全措施扣 2 分</td><td></td></tr>
<tr><td>4. 开工前检查及准备（10 分）：
（1）工器具摆放整齐
（2）弹簧能量应进行释放；
（3）断路器在分位</td><td>整洁、不杂乱；
应释放；
断路器在分位</td><td>不整洁、杂乱扣 2 分；
不释放合闸能量进行缺陷处理扣 5 分；
断路器不在分位进行缺陷处理扣 5 分</td><td></td></tr>
</table>

续表

	项目步骤（得分）	质量标准	扣分标准	得分
考核标准	5. 进行手动、电动分闸（6分）	会进行手动、电动分闸操作	不会进行手动分闸操作扣5分，不会进行电动分闸操作扣3分	
	6. 根据手动、电动分闸情况判断出主要是机械故障、还是电气故障（10分）	先进行手动分闸，检查分闸构件的动作情况	不能判断出是机械或电气部分故障扣10分	
	7. 释放断路器能量（5分）	弹簧机构：断开断路器操作及储能电源后，合–分一次断路器	故障处理前不释放能量扣3分	
	8. 故障处理（35分）	针对手动、电动分闸的情况进行故障查找	未查出故障扣20分，查出故障点但未处理好扣20分	
	9. 确认故障处理完毕（5分）	手动、电动操动机构2～3次确认故障处理完毕	未对处理后的设备进行检查测试扣3分	
	10. 清理现场、文明施工（5分）	做到工完、料尽、场地清	不清理现场扣2分，遗留一样工器具或材料扣1分	
	11. 填写检修记录（5分）	齐全、正确	填写错误、不齐全扣2分	
	12. 办理工作终结手续（5分）	正确口头办理工作终结手续	不办理工作终结手续扣2分，未向监考人员交待检修情况扣2分	
考评员签字：			考评时间：	

注 发生重大事故（人身和设备安全事故）、严重违反维修原则和情节严重的野蛮操作等，由指导教师决定是否取消其实际操作资格。

表6–16 **任务三项目评价表**

实施时间	60min	项目编码		项目总分	100
实施方式	实际操作	实施地点		得分汇总	
项目名称	CJ6型隔离开关操动机构二次故障处理作业				
需要说明的问题及要求	（1）现场检修设备应做好安全措施； （2）配合人员一名； （3）口头办理工作票				
工器具、材料、设备场地	提供实际操作场地、CJ6型隔离开关电动操动机构一台、检修电工工具、备品备件、消耗性材料				

续表

	项目步骤（得分）	质量标准	扣分标准	得分
考核标准	1. 检修前准备（5分）	工器具、材料齐全、着装合理	每缺少一件工器具、材料、备品备件影响检修扣3分，着装影响安全扣1分	
	2. 检修资料准备（5分）	设备说明书、运行情况资料、检修报告等	每缺少一件必备的技术资料影响检修扣1分	
	3. 办理工作许可手续（5分）	口头正确履行开工手续，核实安全措施	不知道正确履行工作票手续就工作扣5分，不了解工作内容和安全措施扣2分	
	4. 开工前检查及准备：工器具摆放整齐、安全措施到位、隔离开关在分位（10分）	机构二次控制电源空气开关应断开	工器具排放不到位扣2分，不检查安全措施扣2分	
	5. 进行手动、电动分合闸检查（15分）	对机构进行手动、电动分合闸检查，判断故障是在一次机械部分还是二次回路	进行手动分、合检查时未先检测电源空开扣5分，电动试分、合时未将隔离开关手动操作至中间位置扣5分，查找不出故障扣10分	
	6. 故障处理（30分）	根据手动、电动检查发现的故障进行故障处理	查找不出故障扣15分，不会处理扣15分	
	7. 确认故障处理完毕（15分）	将隔离开关手动操作至中间位置，投上二次电源空开，电动操作，检查隔离开关故障是否处理完毕	不确认故障处理完毕扣15分	
	8. 清理现场、文明施工（5分）	做到工完、料尽、场地清	不清理现场扣2分，遗留一样工器具或材料扣1分	
	9. 填写检修记录（5分）	齐全、正确	填写错误、不齐全扣2分	
	10. 办理工作终结手续（5分）	正确口头办理工作终结手续	不办理工作终结手续扣2分，未向监考人员交待检修情况扣2分	
考评员签字：			考评时间：	

注　发生重大事故（人身和设备安全事故）、严重违反维修原则和情节严重的野蛮操作等，由指导教师决定是否取消其实际操作资格。

思 考 题

1. 绘制油泵电动机控制回路图

2. 防跳回路的作用是什么？

3. 绘制出防跳回路的原理图。（答案见课本内容）

4. 通过查阅相关资料及说明书，了解三相不一致回路控制原理。

5. 通过对西门子等合资产品说明书的学习，了解外文图样的识图方式与国内的有何不同，并掌握外文图样的识图方法。

参　考　文　献

[1] 李开勤，肖艳萍. 电气设备检修. 北京：中国电力出版社，2011.

[2] 贵州电网公司. Q/GZW 20003—2007　工作票操作票使用管理标准（试行）. 北京：中国电力出版社，2007.

[3] 中国南方电网有限责任公司. Q/CSG 10701—2007　输变电设备缺陷管理标准. 北京：中国电力出版社，2008.

[4] 姚春球. 发电厂变电站电气设备. 北京：中国电力出版社，2011.

[5] 本社. 中华人民共和国职业技能鉴定规范　电力行业电气运行与检修专业. 北京：中国电力出版社，2000.

[6] 本社. 中华人民共和国职业技能鉴定规范　电力行业变电运行与检修专业（上下册）. 北京：中国电力出版社，1999.

[7] 中国南方电网有限责任公司. 安全生产风险管理体系. 北京：中国电力出版社，2007.

[8] 国家电网公司. 国家电网公司生产技能人员职业能力培训规范　第 14 部分：变电检修. 北京：中国电力出版社，2009.

[9] 贵州电网公司. 供电企业技能岗位培训教材　变电检修. 北京：中国电力出版社，2012.

[10] 贵州电网公司. 供电企业技能岗位培训标准　变电检修专业　初级作业员. 北京：中国电力出版社，2014.

[11] 贵州电网公司. 供电企业技能岗位培训标准　变电检修专业　中级作业员. 北京：中国电力出版社，2013.